高等教育新工科人才培养规划教材

工 具

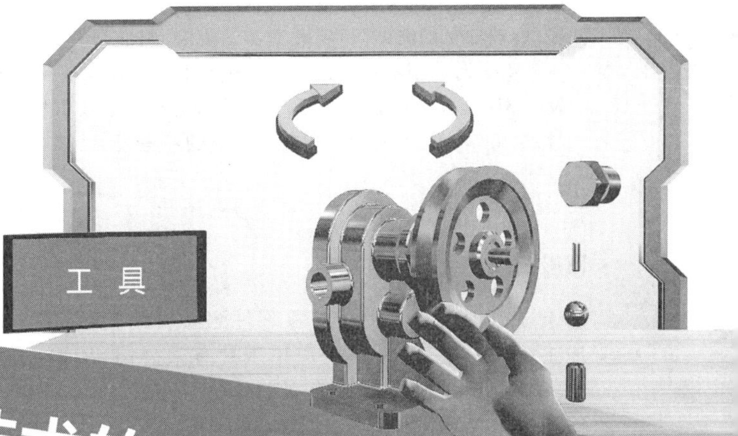

基于虚拟现实技术的
机械零部件测绘实践教程

朱希玲　项　阳　张　旭　主编

中国铁道出版社有限公司
CHINA RAILWAY PUBLISHING HOUSE CO., LTD.

内容简介

本书结合虚拟现实技术展示零部件尺寸测量和拆装过程，列举轴类、盘盖类、叉架类、箱体类等四种典型零件的测绘步骤和工艺分析，重点介绍常见部件的测绘过程和图样画法，旨在帮助学生巩固制图理论知识，提高对零部件表达的能力，为后续专业课的学习和课程设计等奠定良好的基础。主要内容包括机械零部件测绘基本知识、典型零件的测绘、常用件和标准件的测绘、齿轮油泵的拆装、齿轮油泵的测绘、齿轮减速器的测绘、回油阀的测绘和现代测量技术简介等。

本书对典型零件的尺寸测量过程和齿轮油泵等部件的拆装过程等内容配置了基于虚拟现实开发的3D虚拟仿真教学资源，可作为普通高等学校机械类、近机类各专业学生机械制图测绘实训教材，也可作为相关专业工程技术人员的参考用书。

图书在版编目(CIP)数据

基于虚拟现实技术的机械零部件测绘实践教程/朱希玲，项阳，张旭主编．—北京：中国铁道出版社有限公司，2020.10（2021.12重印）

高等教育新工科人才培养规划教材

ISBN 978-7-113-27084-1

Ⅰ.①基…　Ⅱ.①朱…　②项…　③张…　Ⅲ.①机械元件-测绘-高等学校-教材　Ⅳ.①TH13

中国版本图书馆CIP数据核字(2020)第131803号

书　　名：基于虚拟现实技术的机械零部件测绘实践教程
作　　者：朱希玲　项　阳　张　旭

策　　划：曾露平　　　　**编辑部电话：**(010)63551926
责任编辑：李　彤
封面设计：尚明龙
责任校对：张玉华
责任印制：樊启鹏

出版发行：中国铁道出版社有限公司（100054，北京市西城区右安门西街8号）
网　　址：http://www.tdpress.com/51eds/
印　　刷：三河市兴达印务有限公司
版　　次：2020年10月第1版　2021年12月第2次印刷
开　　本：787 mm×1 092 mm　1/16　**印张：**9.5　**字数：**219千
书　　号：ISBN 978-7-113-27084-1
定　　价：29.80元

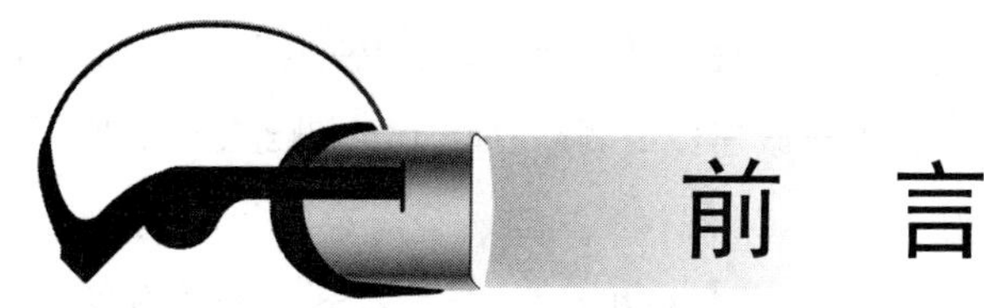

前　言

机械制图课程是研究工程与产品信息表达和交流的学科，是普通高等学校工科专业重要的专业基础课，而零部件测绘是机械制图课程的实践环节。制图测绘课程的学习能够提高学生运用机械制图知识解决实际问题的能力，培养学生的零部件测绘工作能力和设计制图能力，有助于学生学习和理解后续专业技术课程。因此，制图测绘课程是普通高等学校机械类、近机类各专业学习工程制图重要的实践训练环节。

制图测绘课程一般面向大学一年级学生，是一门在学完工程图学的全部课程后，集中一段时间专门进行零部件测绘的实践课程。为帮助学生尽快掌握零部件测绘方法和提高制图能力，编者特编写了本书。全书共 8 章，包括机械零部件测绘基本知识、典型零件的测绘、常用件和标准件的测绘、齿轮油泵的拆装、齿轮油泵的测绘、齿轮减速器的测绘、回油阀的测绘、现代测量技术简介。

本书具有以下特色：

1. 立体资源丰富。本书为读者提供了 3D 虚拟仿真教学资源，读者可以通过扫描书中二维码获取。

2. 知识讲解细腻。结合虚拟现实技术，详细、生动地讲解了典型零件的测量过程和齿轮油泵等部件的拆装过程等。

3. 内容体系完整。系统阐述了制图测绘课各环节的相关知识点、各项教学内容的安排，如草图绘制、尺寸测量、图纸的折叠与装订、答辩等，方便组织教学和自主学习。本书提供的大量手机终端资源，使学生增加了学习兴趣，更容易理解和掌握测绘中的各项内容。

4. 着眼技术背景。结合我校的制图测绘虚拟现实实验室建设实际案例，在虚拟现实技术简介中，介绍了搭建虚拟现实平台所需的软硬件技术，期望能对虚拟现实技术感兴趣的读者有所启发。

本书具体内容包括：(1) 机械零部件测绘基本知识，涵盖测绘目的和要求、制图测绘课程内容、一般零件测绘的方法和步骤、草图画法、泵体零件草图的绘制过程、一般零件的测量方法和工具、尺寸圆整的方法、几何公差的确定、零件材料鉴定和热处理方法的选用、图线和图纸幅面等的有关规定；(2) 典型零件的测绘，包括轴类零件、盘盖类零件、叉架类零件和箱体类零件的表达、测量和工艺分析,虚拟测量教学资源和虚拟现实技术简介;(3)常用件和标准件的测绘包括直齿圆柱齿轮、弹簧、滚动轴承和六角螺母等零件的测绘方法;(4)齿轮油泵的拆装和测绘、齿轮减速器的测绘、回油阀的测绘,共4章,主要包括部件测绘的方法、步骤和虚拟拆装教学资源;(5)现代测量技术简介介绍了常用的接触式测量和非接触式测量方法。本书适合作为普通高等学校机械类、近机类各个专业教材,亦可作为企业设计人员和工程技术人员的参考资料。

本书由朱希玲、项阳、张旭主编,由朱希玲统稿。具体编写分工为:朱希玲编写第1章、第3章~第6章和附录。项阳编写第2章,张旭编写第7章和第8章,夏超文、刘胜、王克用、陈慧芳、沈琴、齐东平、丁梦安、单琦参与了编写和插图的绘制工作。全书由唐觉明副教授担任主审,陈闵叶教授对本书提出了宝贵意见,在此向他们表示衷心的感谢!

本书凝聚着上海工程技术大学制图教研室全体教师多年来教学改革的经验和体会,特别感谢潘裕煊、钱杨、唐觉明。在撰写的过程中,参考了国内外同行出版的同类书籍和大量的资料,并得到了上海煜航数字科技有限公司孙晓琴和王帅等技术人员的大力支持和帮助,在此深表感谢!

为了便于管理各类习题、试卷库、学生作业等教学资料,动态掌握学生学习情况,更好地开展线上教学等,开发了工程图学在线管理平台。该平台提供了完善的教学资料管理、课程管理、题库管理、作业发布、学生学习情况、试卷管理、部分作业的自动批改、教师查阅作业内容和完成情况等功能;增加了教师和学生的有效互动,更及时、高效地促进教学,有利于提高教师课程教学质量。本书提供的教学资源均出自基于虚拟现实技术部件虚拟测绘系统,是工程图学在线管理平台的一部分功能。

我们本着严谨、细致、认真的态度进行编写,限于编者能力有限和时间匆促,书中难免有不足之处,敬请读者批评指正。

编　者
2020年5月

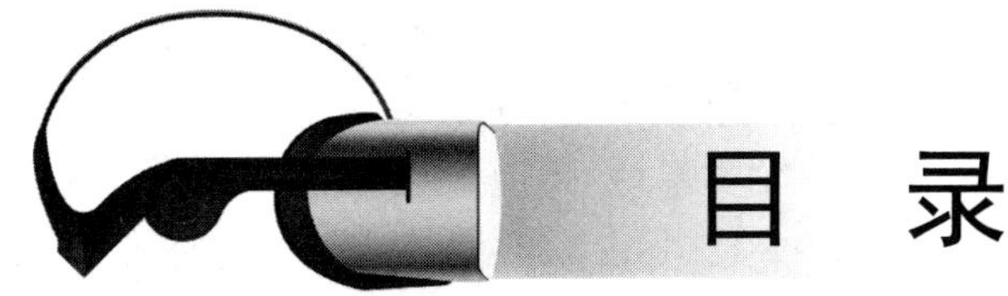

目 录

第 1 章 机械零部件测绘基本知识

1.1 测绘概述

测绘是根据现有零部件,通过查阅有关资料、测量实物等来画出零部件的装配图和零件图的过程。测绘主要用于修复零件、改造已有设备、类比设计同类新产品和仿制产品,测绘时需要了解其设计思路,吸收、改进、创新,画出正确的工程图,也可以利用计算机技术对测绘的零部件进行建模和运动仿真。

测绘需要多方面的知识,包括机械设计、金属工艺学、互换性与技术测量、金属材料及热处理等,是再设计和创新的过程。零部件测绘是工程技术人员应该具备的基本技能,是各类工科院校“机械制图”教学中一个十分重要的实践教学环节。

1.1.1 测绘的目的

测绘是机械制图课程的一个实践教学环节,是学生综合运用已学知识进行测量和绘图的学习过程。目的在于:

(1)熟悉装配体测绘的一般方法和步骤,学会常用测量工具的使用方法。

(2)综合运用机械制图课程所学的知识,实际动手,对装配体实物进行测量,画出其装配简图、装配图和零件图,增加感性认识,加深对零部件表达方法、零件图和装配图画法等知识的理解,为后续的课程设计、毕业设计等课程的学习和以后的工作打下一定基础。

(3)学会运用技术资料、标准、手册进行工程制图的技能,有效地锻炼学生的动手能力、理论运用与实践的能力,培养学生的工程意识、创新能力及协同合作精神。

(4)了解测绘机器或部件的原本设计意图、结构特点、零部件工艺特性、调整与安装等优缺点,提高设计水平。

1.1.2 测绘的要求

(1)具有正确的学习态度。机械零部件测绘是学生的一次全面绘图训练,它对今后的专业设计和实际工作都有非常重要的意义。因此,要求学生必须积极认真、刻苦钻研、一丝不苟地练习，才能在绘图方法和技能方面得到锻炼与提高。

(2)培养独立的工作能力。机械零部件测绘是在教师指导下由学生主动完成的。学生在测绘中遇到问题，应及时复习有关内容，参阅有关资料，主动思考、分析，或与同组成员进行讨论，从而获得解决问题的方法，不能依赖地、简单地索要答案。这样，才能提高独立工作的能力。

(3)树立严谨细致的工作作风。表达方案的确定要经过周密的思考，制图应正确且符合国家标准。反对盲目、机械地抄袭、敷衍、草率的工作作风。

(4)培养按计划工作的习惯。测绘过程中，学生应遵守纪律，在规定的教室或设计教室里按预定计划保质保量地完成实训任务。

1.1.3 测绘前的准备工作

(1)测绘分组进行，选定测绘小组组长，教师布置任务，分发装配体。

(2)了解产品的工作原理、用途。根据测绘零部件的类型，收集、阅读有关资料如产品说明书、零部件的原始资料、《机械设计手册》及有关参考资料，或者通过计算机网络查询和收集零部件的资料与信息等，了解零部件的用途、性能、工作原理、装配关系和结构特点等。

(3)确定拆装顺序，准备拆卸工具、测量工具和绘图工具。

1.1.4 测绘实践课程的内容

测绘实践课程要求对现有的机器或部件进行实物测量，绘出全部非标准零件的草图，再根据这些草图绘制出装配图和零件工作图。重点在于装配体如何表达、尺寸如何标注以及一般技术要求如何确定等。部件测绘步骤如图 1－1 所示。

测绘实践课程集中两周(停课)进行，也可根据实际情况安排。需要完成零件草图、工作图和部件装配图，如表 1－1 所示。

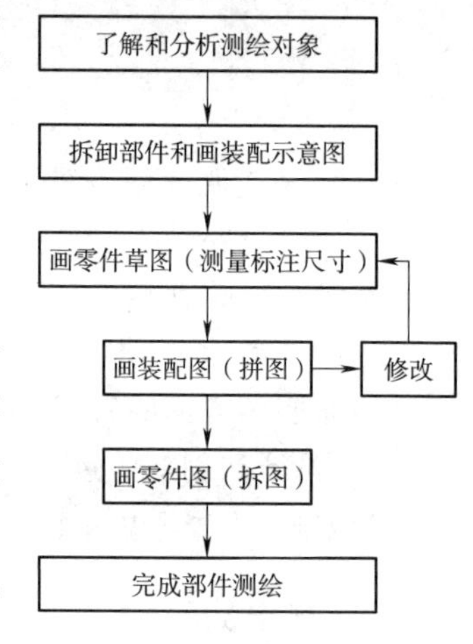

图 1－1 部件测绘步骤

表 1－1 测绘实践课程任务

序 号	测绘内容	要 求
1	零件草图	图样布局合理，视图正确，测绘尺寸和技术要求标注齐全，按规定时间完成
2	装配图工作图	图样布局合理，视图正确，尺寸标注、序号、明细表齐全，图线正确清晰、粗细分明，按规定时间完成
3	零件工作图	图样布局合理，视图正确，测绘尺寸标注齐全，图线正确清晰、粗细分明，技术要求标注合理，按规定时间完成
4	课程小结一份	对零部件表达方法的理解，提高绘制零件图、装配图能力的体会等，按规定时间完成
5	小组答辩	准备充分，全面掌握测绘内容

具体内容：

(1)拆卸机器或部件并绘制装配示意图。

(2)绘制零件草图。草图徒手绘制，零件的表达方案应正确，每位同学需要测绘并绘制一套完整的零件(非标准件)草图。为避免发生返工现象，表达方案确定、草图绘制等主要阶段应由指导教师审查合格后，才允许继续进行。

（3）绘制装配图。根据测绘的零件草图和装配示意图拼画装配图，如果发现问题，应及时对零件草图进行修改和补充。

（4）绘制零件工作图。根据修改后的零件草图和装配图拆画零件工作图。

（5）装配体的复原。全部测绘工作结束应将拆卸下来的零件按装配关系重新装配复原。

（6）图纸装订上交。全套图纸应折叠成 A4 幅面，装订成册，图册为 A4 图纸幅面竖放。

（7）完成课程小结。课程小结包括零部件工作原理和作用，如零部件表达方法、有关配合和公差的选择、装配图内容、画法等，测绘过程中的体会和收获。

（8）进行答辩，同时提交测绘作业、装配体和工具。

1.1.5　测绘的注意事项

测绘时，必须认真、仔细、准确，不得马虎潦草。

（1）测量时要根据尺寸精度采用相应的测量工具，以免影响测量的准确度，减少差错。精度较低的尺寸可用内、外卡钳，钢直尺测量；精度高的尺寸应用游标卡尺或千分尺甚至更精密的量具测量。

（2）测量零件尺寸时，要正确选择测量的基准面，并由基准面开始测量尺寸。零件的配合尺寸和相关的尺寸，测量要精确，同时标注到有关的零件草图上，有配合关系的基本尺寸必须一致，以免产生矛盾。

（3）重要尺寸有时需要计算，如齿轮啮合中心距；有些测量所得的尺寸要用计算方法进行校核，如测量箱体的孔中心距，还要用计算得到的齿轮中心距来校核；螺纹大径等测量数值应取标准值；对于不重要的尺寸可取整数。对于重要尺寸应尽量选用优先数。对磨损严重的轴颈等，测量后应圆整到接近的标准直径。

（4）零件上的孔口、轴端的倒角，转角处的小圆，沟槽、退刀槽、凸台、凹坑及盲孔底部的圆锥角等，应查阅相应的结构要素的标准，确定其结构和尺寸，在草图上画出并标注。

（5）尺寸公差，在正确判别配合性质后，查阅手册，才能确定。零件的表面粗糙度、公差、配合、热处理等技术要求，可以用类比法确定。

（6）标准件，如螺栓、螺母、螺钉、垫圈、键、销等也要测量，参照相应的标准查出其标准值，整理出清单，可以不用画草图。零件应妥善保管并编号，避免丢失、损坏和混乱。

（7）质量较低的铸件，往往出现各种缺陷，如对称的部位不对称，同轴的不同轴，对这些都要仔细观察并正确分析。对零件的毛面或加工表面上出现的铸造缺陷，如砂眼、气孔及裂纹等一律不应画出，工艺结构（倒角、退刀槽等）不可不画。

（8）应尽可能多地留下原始信息在草图上，如不怕重复标注尺寸，在草图上写上文字说明等，以便正式设计绘制工作图时，方便发现错误并正确修正（有时是在车间现场测绘，被测机器已装配还原投入使用，无法再拆卸进行比照）。

1.2　一般零件测绘的方法与步骤

零件测绘包括零件分析、绘制零件草图、测量零件尺寸、确定零件各项技术要求及完成零件工作图等过程。

1)了解和分析需测绘的零件

(1)了解零件的名称和作用。

(2)鉴定零件的材质和热处理状态。

(3)对零件进行结构分析,弄清每一处结构的作用,特别是在测绘破旧、磨损和带有制造缺陷的零件时尤为重要。在分析的基础上可对零件的缺点进行必要的改进,使该零件的结构更为合理和完善。

(4)对零件进行工艺分析。同一零件可以采用不同的加工方法,它影响零件结构形状的表达、基准的选择、尺寸的标注和技术条件要求,是后续工作的基础。

(5)拟定零件的表达方案。通过上述分析,对零件有了较深刻的认识之后,首先确定主视图,然后确定其他视图及其表达方法。

2)绘制零件草图

3)测量零件尺寸

4)绘制零件工作图

1.3 零件草图的绘制方法

画草图,即徒手绘图是一种强有力的工程素质和技能。草图是指不借助绘图工具用徒手和目测的方法绘出的图样。

草图经常用于讨论设计方案、技术交流、对现有设备或零件仿制或改进设计。在车间调研或参观学习时,受现场条件或时间的限制,无法使用绘图工具,需徒手画草图做记录。因此,对于工程技术人员来说,除了要学会用尺规、仪器绘图和使用计算机绘图之外,还必须具备徒手绘制草图的能力。

零件草图是绘制装配图和零件图的依据,不能认为草图是“潦草的图”。画草图的要求可用“好”“快”二字概括,好字为首,好中求快。零件草图的内容和要求与零件图是一致的,它们之间的主要差别是在作图方法上。零件图用制图工具按尺寸绘制,而草图凭目测估计零件的大小和自身的长、宽、高比例徒手绘制,但尺寸数值必须用测量工具仔细测量后,填写真实数据。

1.3.1 徒手绘制草图的要求

绘制草图时应注意:

(1)画线要稳、图线要清晰、线型分明。

(2)目测零件的大小、各部分比例均匀一致,如果一个物体的长、宽、高之比为5:4:2,画此物体时,就要保持物体自身的这种比例。

(3)字体工整、图面整洁。

1.3.2 徒手绘图的方法

画草图一般用HB或B号铅笔,铅芯成圆锥形,画中心线和尺寸线的磨得较尖,画可见轮廓线的磨得较钝。橡皮不应太硬，以免擦伤图纸。

视图总是由直线、圆、圆弧和曲线组成。因此要画好草图，必须掌握徒手画各种线条的方法。手握笔的位置要比尺规作图高些，以利于运笔和观察目标。笔杆与纸面成 45°～60°角，执笔稳而有力。

1. 直线的画法

画直线要尽量平直，短线手腕转动，长线手腕不要转动，眼睛看着画线的终点，不要盯着笔尖或已画出的线段，以保证图线的方向。轻轻移动手腕和手臂，使笔尖向着要画的方向做直线运动。

水平线由左向右画，垂直线由上向下画。画水平线时图纸可以斜放，画其他方向的直线也可按这个方法旋转草图纸；画长斜线时，为了运笔方便，可以将图纸旋转适当角度。每条图线最好一笔画成，较长的直线可以分成几段，分段画出，如图 1－2 所示。

图 1－2　直线的画法

2. 圆的画法

先画中心线定出圆心。画直径较小的圆时，先在中心线上按半径目测定出四点，然后徒手将各点连接成圆；画直径较大的圆时，可过圆心加画一对十字线，按半径测定出八点，连接成圆，如图 1－3 所示。

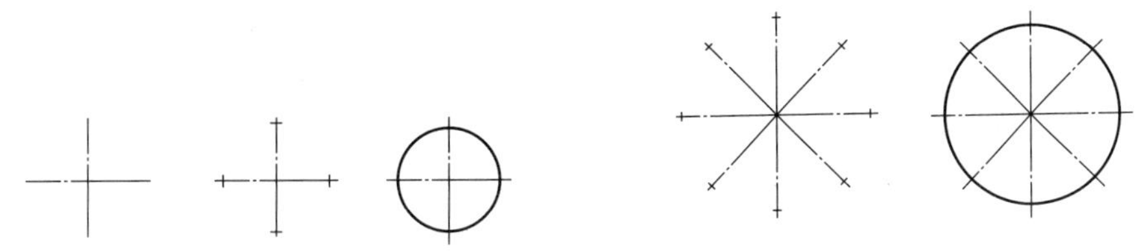

图 1－3　圆的画法

3. 常用角度的画法

对 30°、45°、60°等常见角度，可根据两直角边的近似比例关系定出两端点；然后连接两点即成为所画的角度线。如画 10°、15°等角度，可先画出 30°角度之后再等分，如图 1－4 所示。

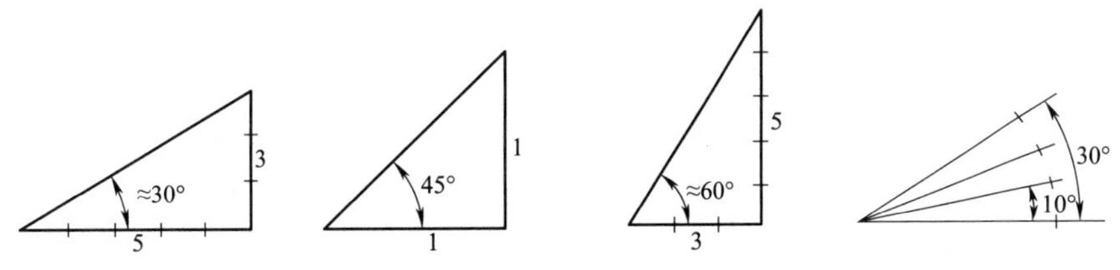

图 1－4　常用角度的画法

4. 目测的方法

在徒手绘图时，要保持物体各部分的比例。在开始画图时，整个物体的长、宽、高的相对比例一定要仔细拟定。在画中间部分和细节部分时，要随时将新目测的线段与已拟定的线段进行比较。因此，掌握目测方法对画好草图十分重要。

在画中、小型物体时，可以用铅笔当尺直接放在实物上测各部分的大小，如图 1－5 所示，然后按测量的大体尺寸画出草图。也可用此方法估计出各部分的相对比例，然后按此相对比例画出缩小的草图。

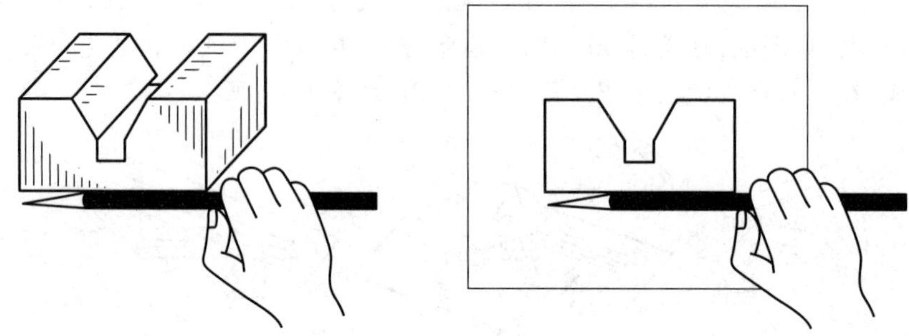

图 1－5　中、小物体的测量

在画较大的物体时，如图 1－6 所示，用手握一铅笔进行目测度量。在目测时，人的位置应保持不动，握铅笔的手臂要伸直。人和物体的距离大小，应根据所需图形的大小来确定。在绘制及确定各部分相对比例时，建议先画大体轮廓。尤其是比较复杂的物体，更应如此。

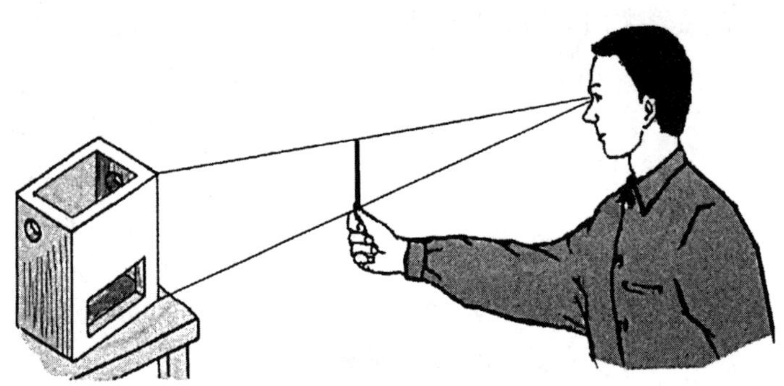

图 1－6　较大物体目测

1.3.3　画零件草图注意事项

（1）运用形体分析法先把零件看熟悉，形成完整的全貌，确定合理的表达方案，正确、清晰、简洁明了地把零件表达完整，不可见的结构应选择合理的剖视。

（2）不要看一点，画一点。几个视图一起画，先画出主要中心线、轴线、对称平面、重要端面等图形的基准线，然后由主体到局部，由外到内逐步完成各视图的底稿。

（3）视图画好后，标注尺寸应采用流水作业的方法。先考虑好标注哪些尺寸，按国标规定在草图上画出全部尺寸界线、尺寸线、箭头，校对、检查有无遗漏、重复和不合理的地方，然后统一测量,逐个填写尺寸数字。

1.3.4　泵体零件草图的绘制

以图 1 - 7 所示的泵体为例来说明零件草图的绘制。图 1 - 7 零件属于箱体类零件,泵体主要包括底板、中间主体部分和前后圆柱孔。中间主体部分有空腔、填料函等,底板上有凹坑和安装孔,该零件外形、内部均需表达。

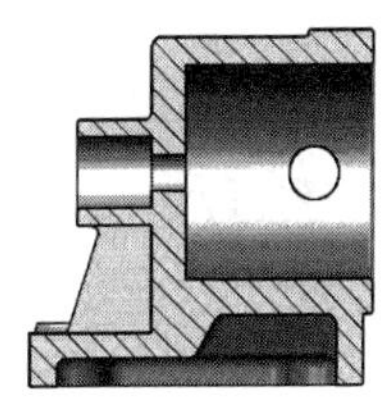

图 1 - 7　泵体

1. 零件常用的表达方法

(1)视图:表达零件的外形,包括基本视图、向视图、局部视图、斜视图。

(2)剖视:主要用来表达零件的内部结构,按剖切方法分为单一剖切平面剖切、几个平行的剖切平面剖切、几个相交的剖切平面剖切和复合剖切。按剖切范围分为三种,全剖视图、半剖视图、局部剖视图。

(3)断面:主要是表达局部结构的内形或断面形状,分移出断面和重合断面。

(4)局部放大图:表达零件上某些细小结构。

(5)简化画法:国家标准规定的一些常用的简化表达方法,使制图简便和看图方便。

2. 零件的表达方法注意事项

(1)要灵活运用零件的各种表达方法,将零件形状充分表达清楚,熟练绘制剖视图。

(2)正确确定表达方案,表达方案并不唯一,先对零件进行结构分析,研究其结构特点,按组合体选择主视图的原则选好主视图,在此基础上再选择其他视图,经过分析比较,确定一个最佳方案。要求做到零件上各形体的形状及其相对位置的表达,既无遗漏,又不重复。

(3)所采用的各种表达方法(包括简化画法)应符合《机械制图》国标规定。

(4)多选择更简洁的表达,比如断面图、局部(剖)视图、简化画法等。

3. 泵体的表达方案

箱体类零件一般主视图按工作位置放平稳,通常需要用三个基本视图来表达,优先选用主视图、俯视图、左视图,但不是简单的组合体三视图,而是选择合理的视图(局部视图、向视图等)或剖视(全剖、半剖或局部剖)的主视图、俯视图、左视图,来表达零件的主要结构形状。没有表达清楚的再选用局部视图、断面图等来补充表达。

泵体表达方案一如图 1 - 8 所示,主视图按工作位置放平,可以采用全剖表达泵体内腔、密封处填料函、底板凹坑等内部结构;左视图可以用 $A-A$ 半剖视图:不剖的一半表达填料函外形、螺孔,剖的一半表达内腔形状和通孔。筒体与底板之间的连接板内部有空腔,左视图的剖切平面选择过筒体中部,以便完整表达连接部分的空腔和底部凹坑处结构。而前后圆柱孔位置偏右不在剖切平面上，此处可采用阶梯剖（“剖中剖”也可）；为了表达底板凹坑形状及安装孔分布，可采用 B 向仰视图；底板上安装孔处的凸台形状，可采用 C 向局部视图表达；还有表达端面上四个螺纹孔的简化画法和表达肋板的移出断面图。用六个图形完整清晰地表达了泵体零件。

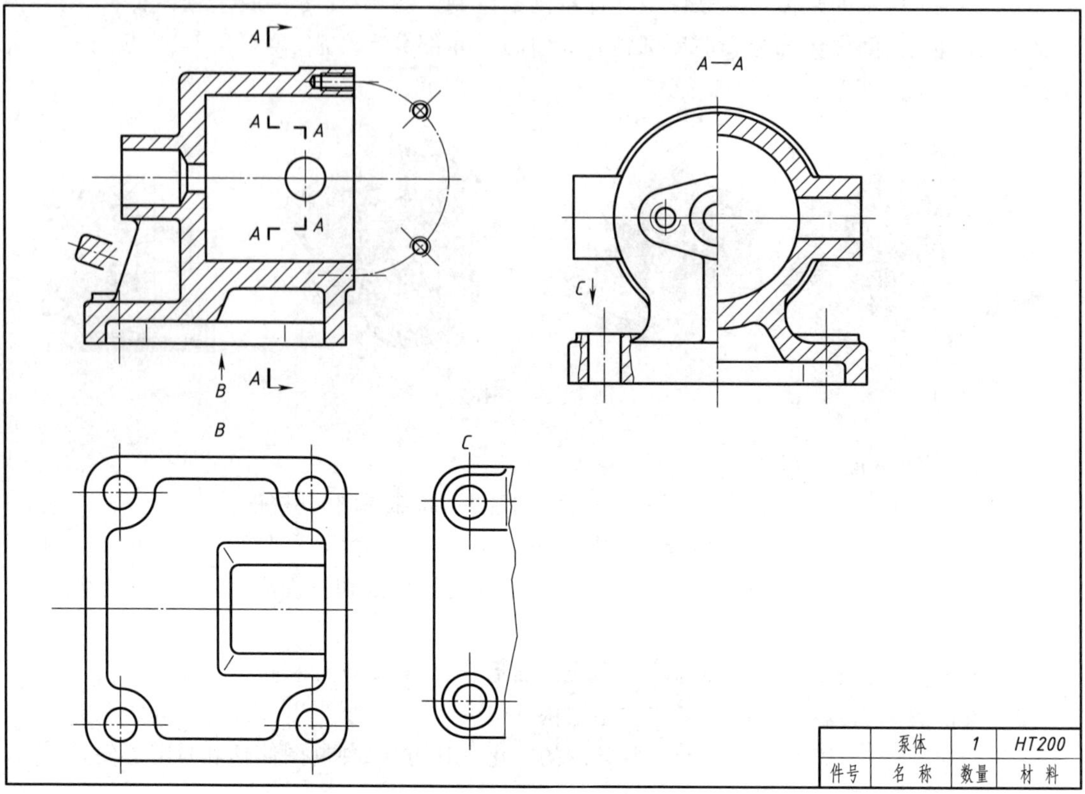

	泵体	1	HT200
件号	名 称	数量	材 料

图 1－8　泵体表达方案一

零件的表达方案不是唯一的，以下三种方案也可以把泵体内外形状表达正确、完整、清晰，都用了六个视图。图 1－9 泵体表达方案二中端面上的四个螺纹孔采用了 D 向局部视图，B 向视图采用了简化画法；图 1－10 泵体表达方案三中主视图采用了局部剖，既表达了内部空腔，也表达了圆柱孔的位置和外形。图 1－11 泵体表达方案四中左视图采用了三处局剖表达了内部结构的同时也把端面上的四个螺纹孔表达清楚了，填料函处用了 D 向的局部视图来表达。

4. 零件草图的绘制步骤

确定好表达方案后，可以开始画图了，本例中泵体零件的表达采用了方案一。

（1）布置图面，画图框、标题栏，徒手画各视图的中心线、对称线和主要基准线，注意在各图之间留出标尺寸的空间，右下角预留出标题栏的位置，如图 1－12(a)所示。

（2）以目测比例画出基本视图的外部轮廓，如图 1－12(b)所示。

（3）画出其他必要的视图，注意各个视图之间的尺寸对应关系，保证长对正、高平齐和宽相等，如图 1－12(c)所示，画全细节部分，如图 1－12(d)所示。

（4）选择长、宽、高各方向标注尺寸的基准，按正确、完整、尽可能合理、清晰的标注尺寸的要求，画出尺寸线、尺寸界线，仔细校对后，将图样按线型要求描深，如图 1－12(e)所示。

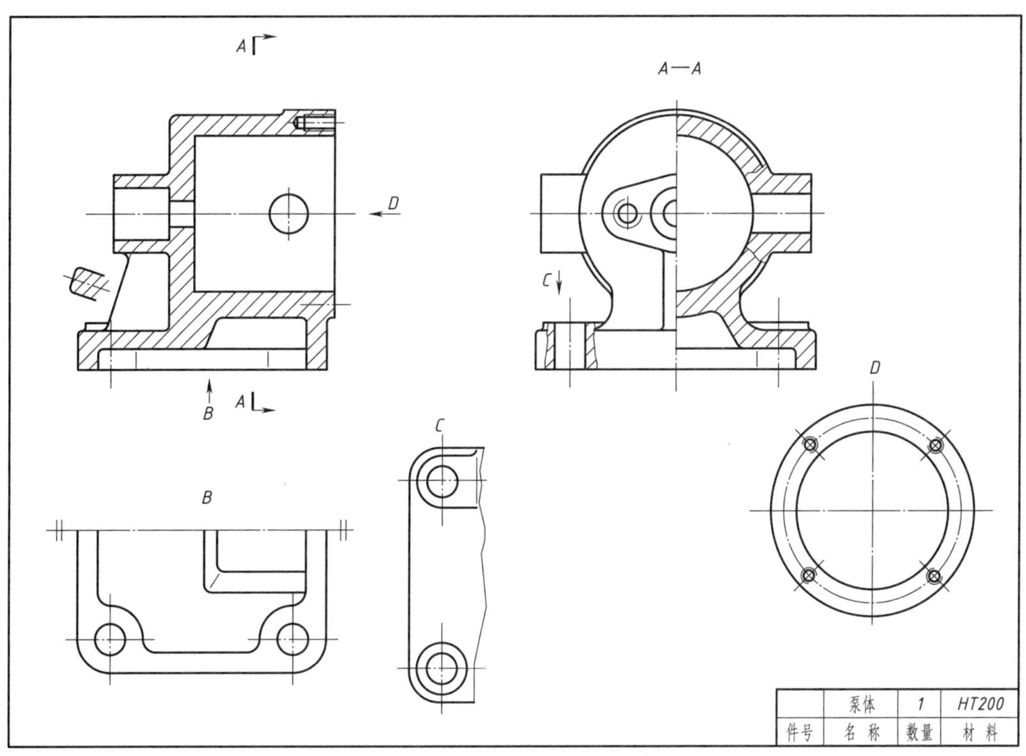

图 1－9　泵体表达方案二

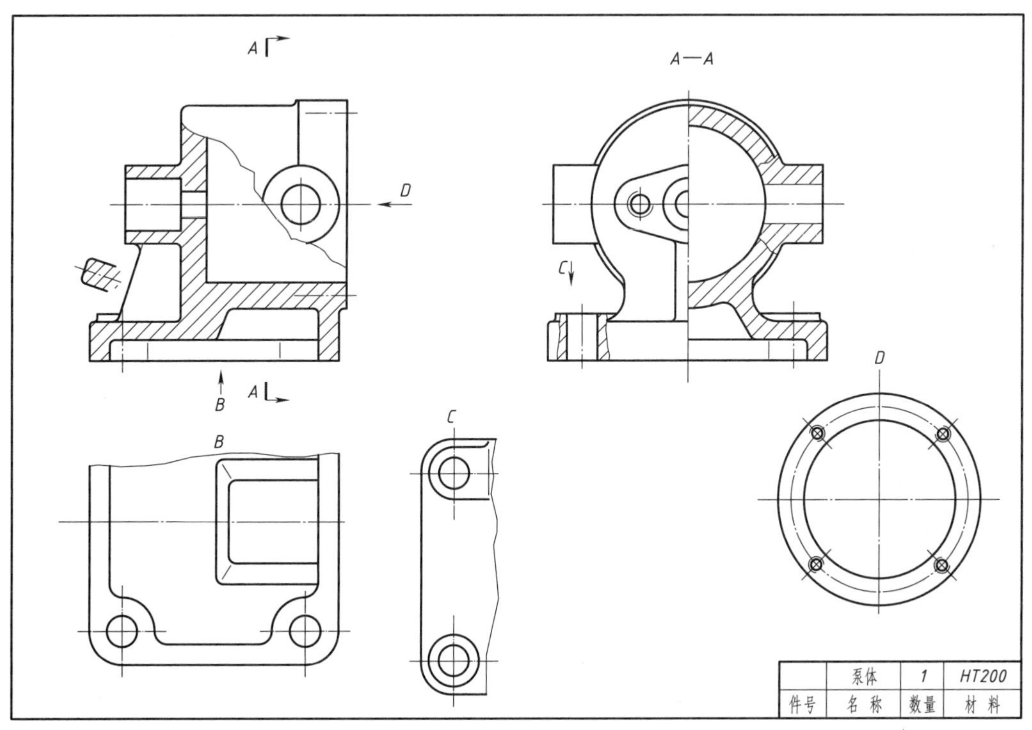

图 1－10　泵体表达方案三

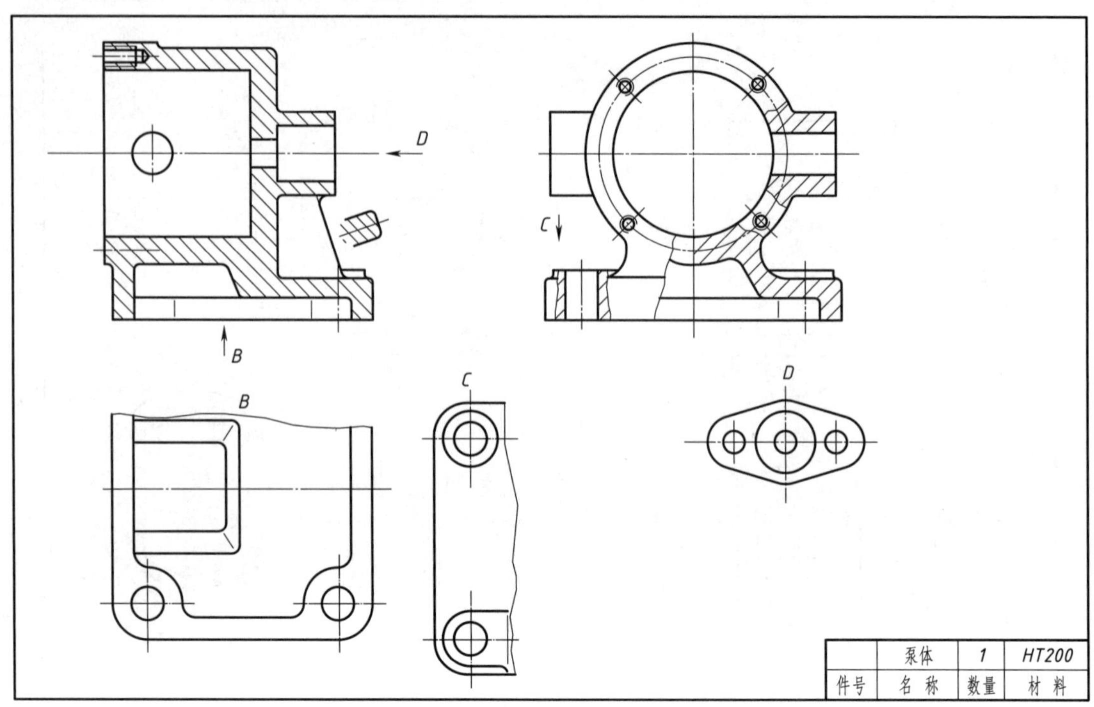

图 1－11 泵体表达方案四

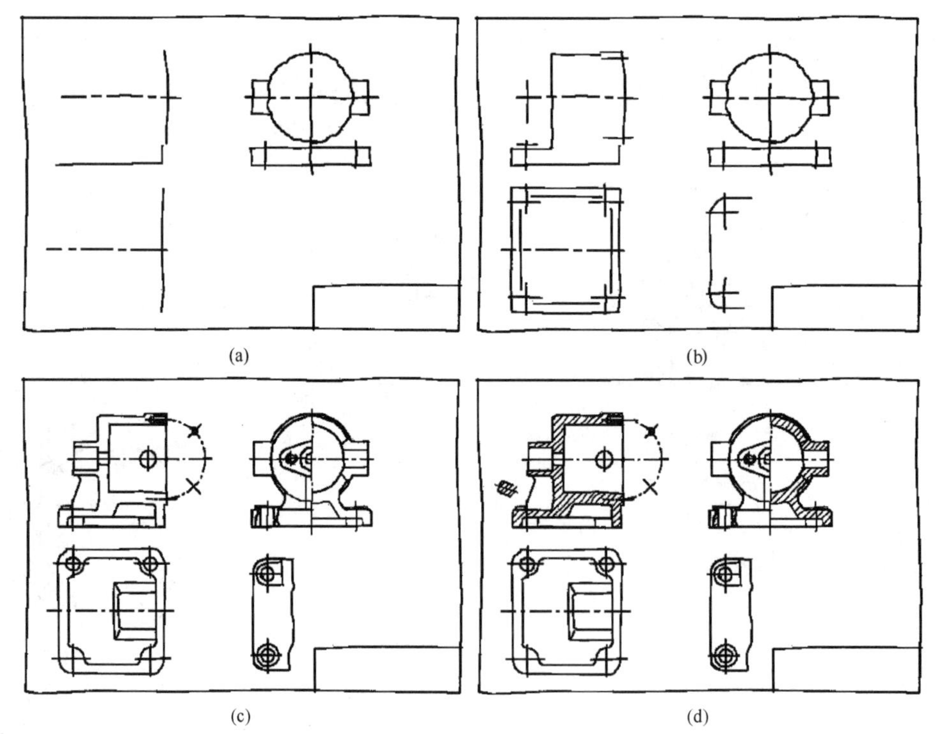

图 1－12 零件草图的绘制步骤

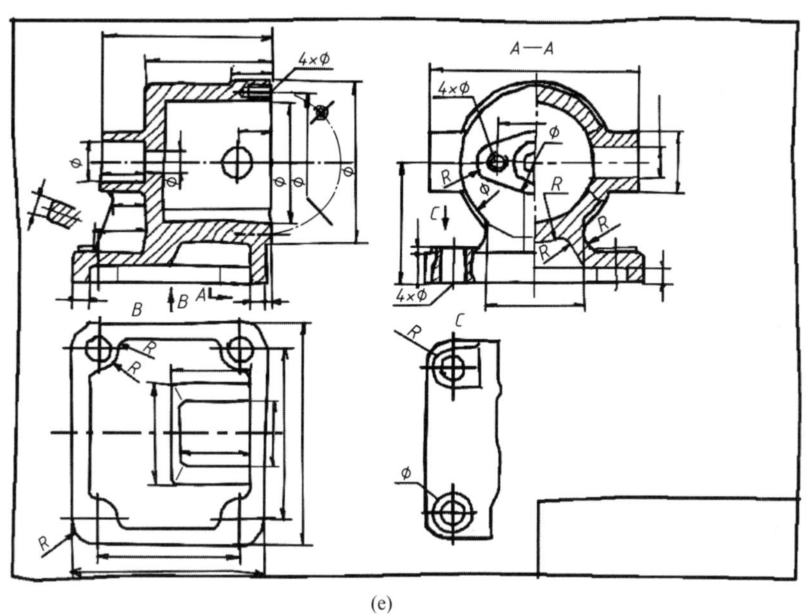

(e)

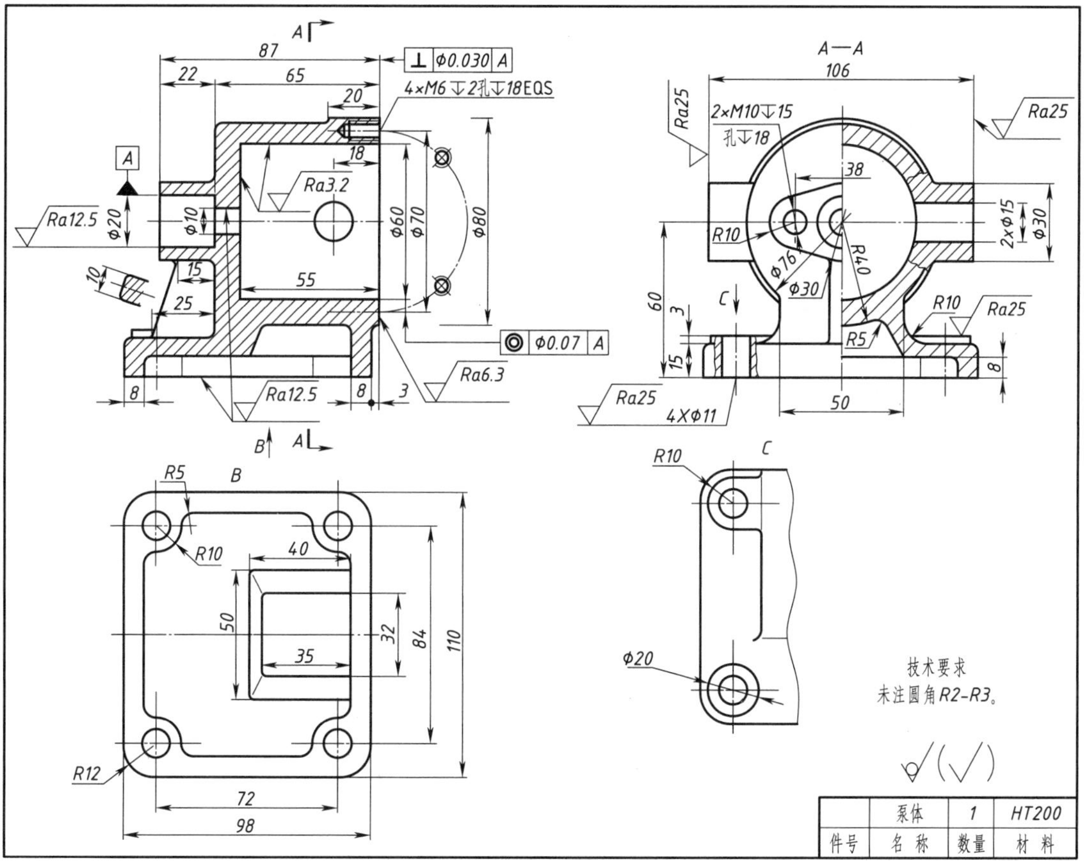

技术要求
未注圆角R2-R3。

	泵体	1	HT200
件号	名 称	数量	材 料

(f)

图 1－12　零件草图的绘制步骤(续)

(5)测量尺寸,逐个测量零件尺寸并标注在零件草图上,测量尺寸应集中进行,使相互影响的尺寸联系起来,既能提高效率,又可避免尺寸错误和遗漏。

(6)确定表面粗糙度和技术要求,用类比法确定表面粗糙度、公差配合等技术要求,并记入图中。填写标题栏,检查有无错误和遗漏,如图1-12(f)。

(7)将所画草图交给本组其他同学校核、修正、取长补短,使所画的草图更完善。

步骤(1)~(7)也可直接用AutoCAD软件边测绘、边初步画出零件工作图;或者边测绘、边初步在三维建模软件(如Solidworks、UG、Pro/E等)中画出三维模型再生成二维零件图。

1.4 一般零件的测量方法

1.4.1 常用测量工具

学会常用量具的读数方法,准确熟练使用常用量具进行零件测量是零部件测绘的基础。

常用量具,有钢直尺如图1-13所示、内卡钳如图1-14所示、外卡钳如图1-15所示;较精密的零件或重要的尺寸,要用游标卡尺如图1-16所示、千分尺等,如公法线千分尺如图1-17所示。应根据尺寸的精确程度选用相应的量具。

图1-13 钢直尺

图1-14 内卡钳

图1-15 外卡钳

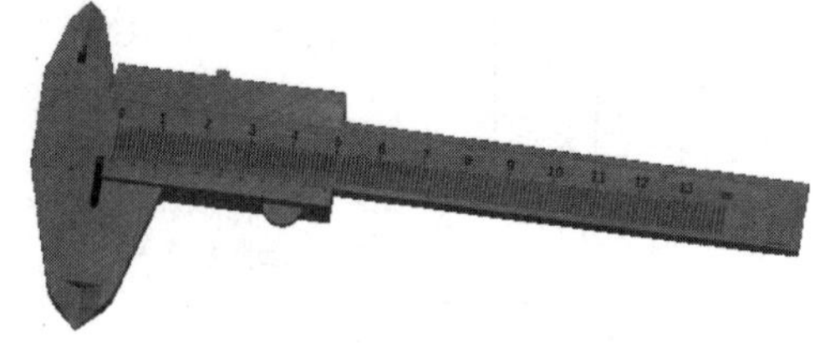

图1-16 游标卡尺

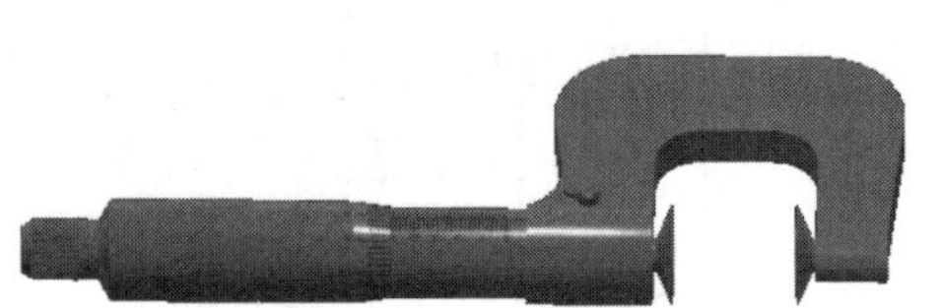

图1-17 公法线千分尺

1. 钢直尺和内外卡钳

钢直尺可用来测量工件的长度、宽度、高度和深度等。内外卡钳是测量长度的工具。外卡钳用于测量圆柱外径或物体的长度,内卡钳用于测量圆柱孔的内径或槽宽等,内卡钳、外卡钳上没有尺寸刻度，必须借助钢直尺才能读出零件的尺寸。

2. 游标卡尺

游标卡尺结构简单，使用方便，测量范围较大，在生产中最为常用。游标卡尺按所测位置的尺寸分为普通长度游标卡尺、游标深度尺和游标高度尺。游标卡尺是一种中等精密度的量具，可以直接测量出工件的外径、孔径、长度等。

1）使用游标卡尺的方法

（1）测量前，应检查游标卡尺的质量，卡尺的两个量爪是否合拢，合拢时游标的零线与主尺零线是否对齐，游标在尺身上滑动是否灵活适当；

（2）测量时，要轻拿轻放，应使量爪轻轻接触零件的被测表面，保持合适的测量力，量爪的位置必须摆正，不能歪斜；

（3）读数时，视线应与尺身表面垂直，避免产生视觉误差；

（4）实际测量时，对同一长度应多测几次，取其平均值来消除偶然误差。

2）游标卡尺的读数

读数装置由主尺和游标两部分组成。主尺用于读取被测数值的整数部分，而小于 1 mm 的小数部分则由游标读取。设主尺每格刻线间距为 a（一般 $a=1$ mm），游标每格刻线间距为 b，游标上的刻度线数为 n。

若令　　$(n-1)a=nb$

则　　$a-b=a/n$

一般主尺 $a=1$ mm，故　　$a-b=1/n$

上式说明主尺上每格与游标上的每格刻线不相同，即始终有一差量，其分度值等于 $1/n$，$n=10$ 时，$a-b=1/10$ mm，此时 $b=0.9$ mm，如图 1－18 所示。

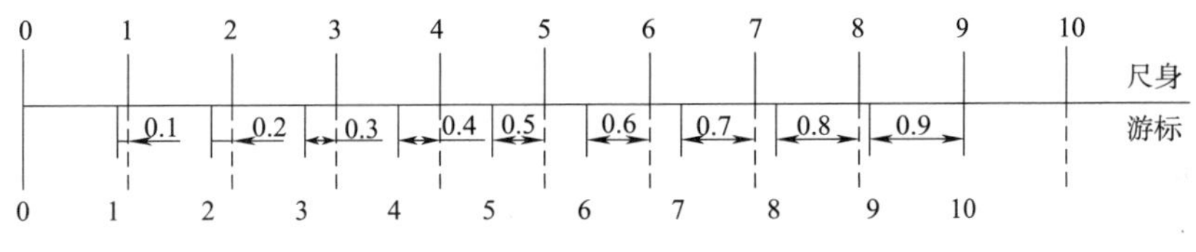

图 1－18　分度值为 0.1

$n=20$ 时，$a-b=1/20$ mm，此时 $b=0.95$ mm；$n=50$ 时，$a-b=1/50$ mm，此时 $b=0.98$ mm。

3）读数方法

如图 1－19 所示，被测数值由两部分组成，其中整数部分可由尺身读出，为 25 mm，而小数部分则由游标读出。从游标零线向右看，找到与尺身上相重合的线（第 4 条线），我们不难发现一个规律：从游标与尺身相重合的线（第 4 条线）向左看，要读的小数正好为尺身每格与游标每格差值的累积值。所以要读的被测数值为：

$$25+4\times0.1=25.4$$

不过在游标上已经将 4 直接刻出了，不用再去数有多少格，对不同 n 值，格数在游标的刻线下都已直接给出。

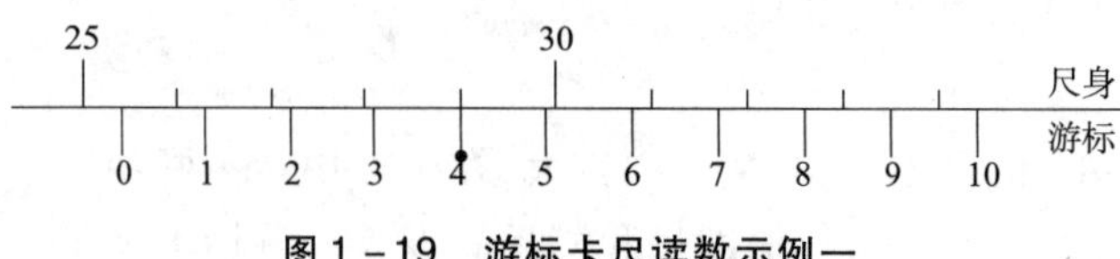

图 1－19　游标卡尺读数示例一

为了帮助读者快速读数，下面介绍一个简单方法：

（1）先看与游标零线靠近的尺身刻线（零线以左），读出整数值，如图 1－19 中的 25 mm。

（2）估计小数部分的值占尺身上 25 mm 与 26 mm 之间的几分之几，如 4/10～5/10。

（3）迅速看游标上 4 与 5 间哪条线重合，再准确读出小数部分值。

图 1－20 中将 1 mm 20 等分，读数为 73.2 mm。

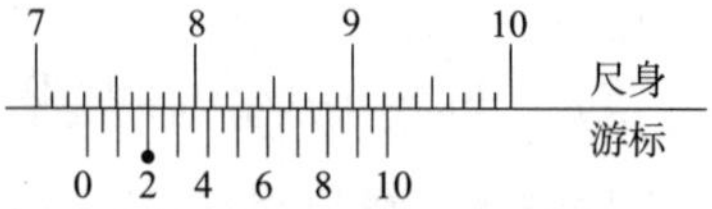

图 1－20　游标卡尺读数示例二

4）使用游标卡尺的注意事项

（1）绝对禁止把游标卡尺的两个量爪当作扳手和划线工具使用；

（2）游标卡尺受到损伤后，绝对不允许用手锤、锉刀等工具修理；

（3）不可用砂布或普通磨料来擦除刻度尺表面的锈迹和污物；

（4）游标卡尺应平放，避免造成变形，不要将游标卡尺与其他工具堆叠存放；

（5）使用完毕后，应将游标卡尺放在专用盒内，防止弄伤生锈。

按读数方式，除普通游标卡尺，还有带表卡尺、数显卡尺。电子数显卡尺用途与游标卡尺相同，测量精度比一般游标卡尺要高，精度为 0.01 mm，具有读数清晰、准确、直观、迅速等特点。使用数显游标卡尺的方法与使用游标卡尺的方法相同，只是数显游标卡尺可以在液晶显示屏上直接读取测量数值。

1.4.2　常用测量方法

1. 测量长、宽、高等直线尺寸

一般可用钢直尺或游标卡尺直接测量。

2. 测量回转面直径尺寸

可用内外卡钳配合测量，用内卡钳测直径，如图 1－21 所示，再用刻度尺读出数值。回转面直径常用游标卡尺或千分尺测量，如图 1－22 和图 1－23 所示。

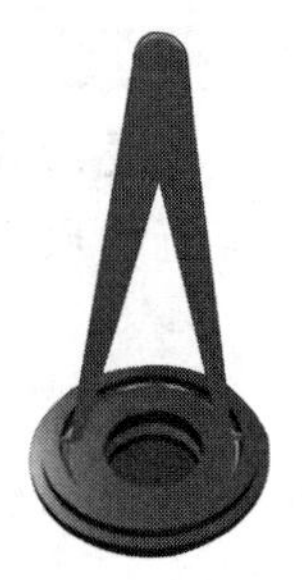

图 1－21　用内卡钳测直径

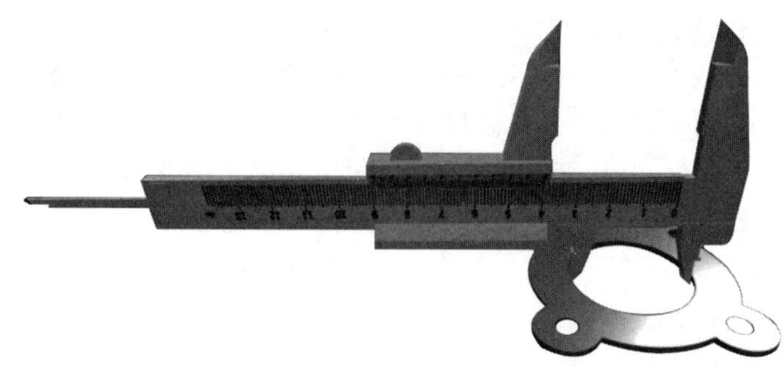

图 1－22　用游标卡尺测直径

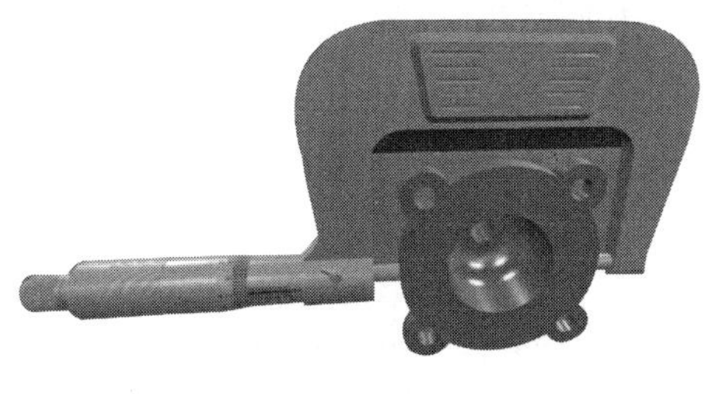

(a) 测外径

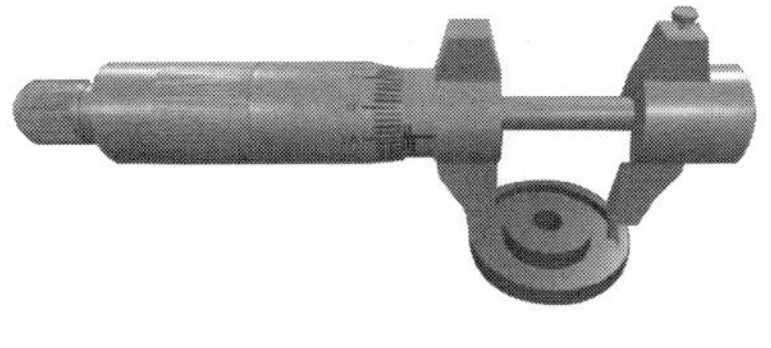

(b) 测内径

图 1－23　用千分尺测直径

3. 测量高度

一般可用钢直尺或游标高度尺测量高度，如图 1－24(a)所示。

4. 测量圆角

一般用圆角规测量圆角，每套圆角规有很多片，一半测量外凸圆角，一半测量内凹圆角，每片刻有圆角半径的大小。测量时，只要在圆角规中找到与被测部分完全吻合的一片，该片上的数值就是圆角半径的大小，如图 1－24(b)所示。

5. 测量曲线或曲面

曲线和曲面要求测量很准确时，必须用专门的测量仪进行测量。要求不太准确时，常采用拓印法、铅丝法和坐标法三种方法进行测量。

(1)拓印法。对于柱面部分的曲率半径的测量，可用纸拓印其轮廓，得到如实的平面曲线，如图 1－25 所示，然后定出圆弧的圆心，可以在圆弧上取任取直线 AB、CD，作垂直平分线 EF、GH，线 EF、GH 的交点 O 则为圆弧的圆心，然后测量其半径或直径，如图 1－26 所示。

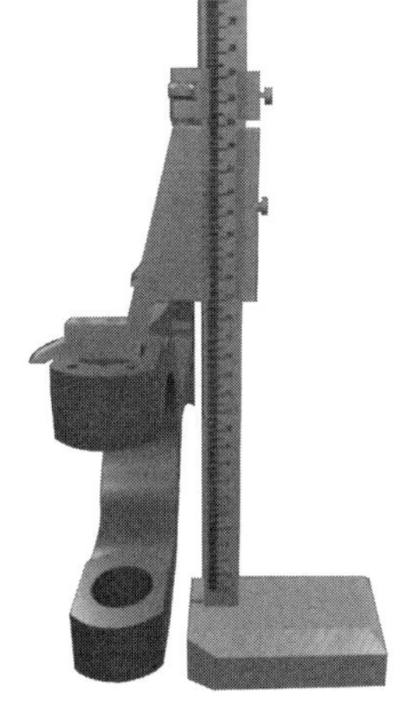

(a) 游标高度尺测量高度

(b) 圆角规测量圆角

图 1－24　测量高度和圆角的方法

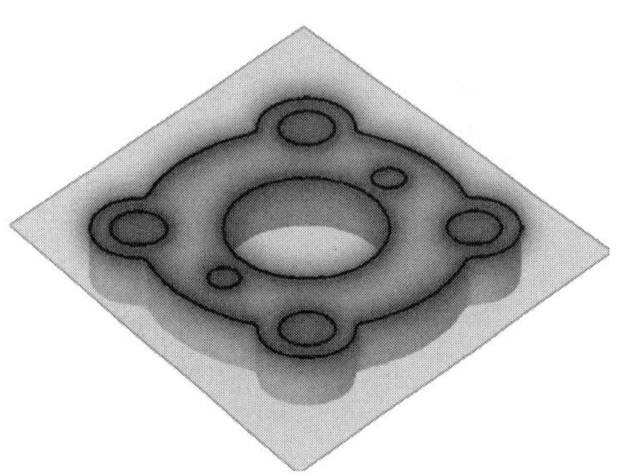

图 1－25　拓印法

(2)铅丝法。对于曲线回转面零件的母线曲率半径的测量，可用铅丝弯成实形后，得到如实的平面曲线，然后判定曲线的圆弧连接情况，再用中垂线法求得各段圆弧的圆心，测量其半径，如图 1－27 所示。

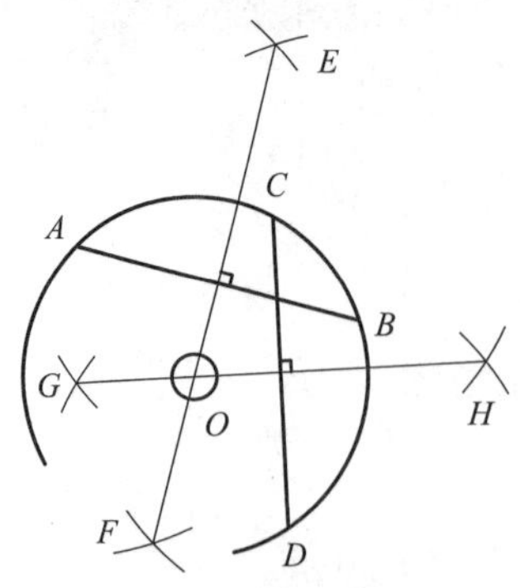

图 1－26　作图法求圆弧半径

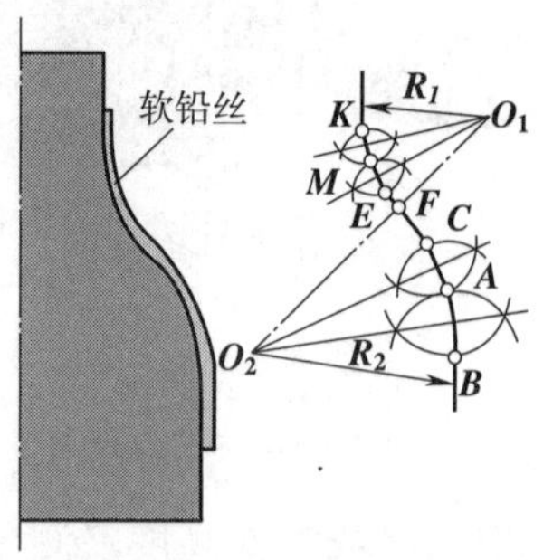

图 1－27　铅丝法

（3）坐标法。一般的曲面可用钢直尺和三角板定出曲面上各点的坐标，在图上画出曲线或求出曲率半径，如图 1－28 所示。

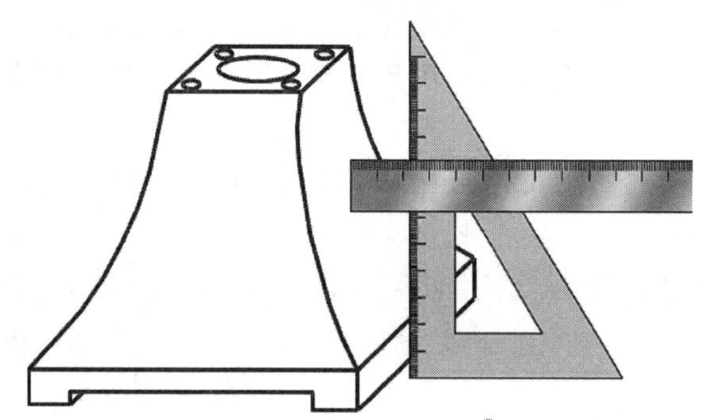

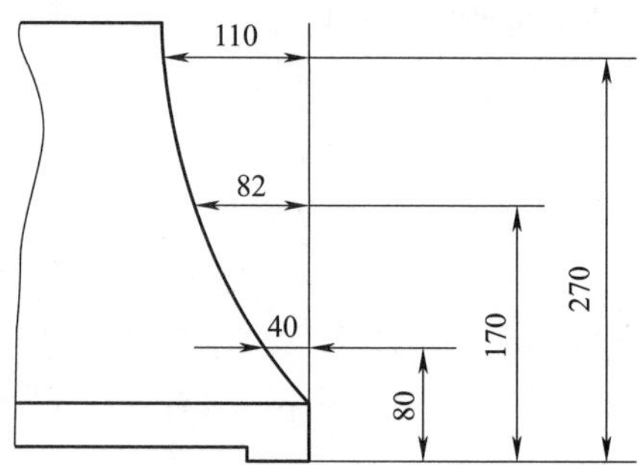

图 1－28　坐标法

6. 测量螺纹螺距

螺距测量可采用拓印法、钢直尺或螺纹规，拓印法是将螺纹放在纸上压出痕迹再测量螺距；用钢直尺测量时，应多测量几次，取其平均值；螺纹规是由一组带牙的钢片组成，如图 1－29 所示，每片的螺距都标有数值，测量时，在螺纹规上找到与被测螺纹的牙型完全吻合钢片，就可以读出被测螺纹的螺距大小。

图 1－29　用螺纹规测量螺距

7. 角度测量

万能角度尺又叫角度规、游标角度尺，适用于机械加工中的内、外角度测量，如图 1－30 所示。

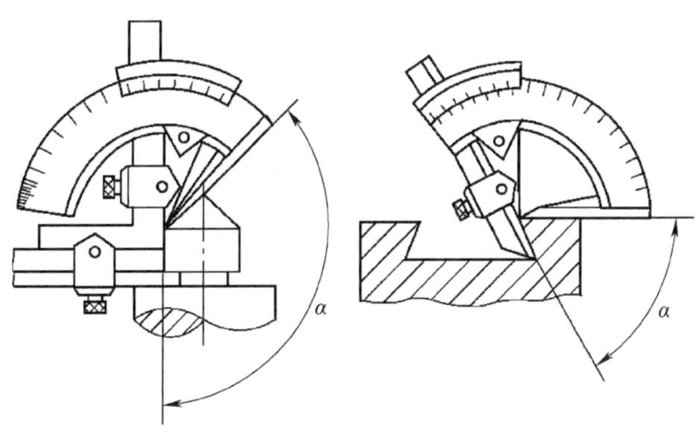

图 1－30　万能角度尺

1.5　测绘中尺寸的圆整

零件图可以按实际测得的尺寸绘制，但标注时却不能按“所测即所得”进行标注，而应将测得的尺寸正确处理后标注在图样中。

在测绘过程中，由于零件制造误差及使用磨损等原因，故测量所得尺寸只能是与原设计尺寸十分相近的一个尺寸；还有些测绘时只能测得零件的实际尺寸和配合件的实际间隙或过盈量，公差配合、形位公差和其他技术要求都应该根据零件的使用条件来确定，这实际上是一个根据实物测绘数据来重新设计的过程。

对实测数据进行分析、推断，合理地确定其公称尺寸和尺寸公差的过程称为尺寸圆整。对公称尺寸、尺寸公差、极限和配合种类等数据进行尺寸圆整后，可以更多地采用标准刀具和量具，以降低制造成本。因此，进行尺寸圆整有利于提高测绘效率和劳动生产率。

测绘时，常用三种方法进行尺寸圆整，有测绘圆整法、类比圆整法和设计圆整法。

1.5.1　测绘圆整法

测绘圆整法是根据实测值与极限和配合的内在联系来确定公称尺寸、尺寸公差、极限及配合的。

1. 准确测量

假设被测零件为合格零件，并且被测尺寸的实测值一定是原设计给定公差范围内的某一数值；制造误差及测量误差的概率分布均符合正态分布规律，处于公差中值的概率为最大。

基于以上假设，反复测量数次，在剔除粗大误差后求出其算术平均值，测量精度保证到小数点后三位，并将此值作为被测零件在公差中值间的测得值。

2. 确定配合基准制

根据零件的结构、工艺性、使用条件及经济性综合考虑，定出基准制，一般情况下，优先选用基孔制。

3. 确定基本尺寸(公称尺寸)

相互配合的孔和轴,其公称尺寸相同。

1)确定尺寸精度

不论是基孔制还是基轴制,推荐按孔的实测尺寸,如表 1-2 所示判断公称尺寸精度。

表 1-2 公称尺寸精度判断

公称尺寸/mm	实测值中第一位小数值/mm	公称尺寸精度
1~80	≥2	含小数
>80~250	≥3	含小数
>250~500	≥4	含小数

2)确定公称尺寸数值

用下列不等式确定孔、轴的公称尺寸数值:

$$\text{基孔制}\begin{cases}\text{孔(轴)公称尺寸} < \text{孔实测尺寸} & (1-1)\\ \text{孔实测尺寸} - \text{公称尺寸} \leqslant \text{孔的 IT11 公差值}/2 & (1-2)\end{cases}$$

$$\text{基轴制}\begin{cases}\text{孔(轴)公称尺寸} > \text{轴实测尺寸} & (1-3)\\ \text{公称尺寸} - \text{轴实测尺寸} \leqslant \text{轴的 IT11 公差值}/2 & (1-4)\end{cases}$$

【例 1-1】有一基孔制配合的孔,实际测量尺寸为 ϕ63.52 mm,试确定其公称尺寸。

【解】根据表 1-2,ϕ63.52 mm 在 1~80 mm 尺寸段内,小数点后第一位数值为 5,大于 2,故公称尺寸应含一位小数。

根据式(1-1)和保留一位小数原则,公称尺寸最大值为 ϕ63.5 mm。

根据式(1-2)得(63.52-63.5) mm=0.02 mm≤孔的 IT11 公差值/2。

查公差数值表得 ϕ63.5 mm 的 IT11 公差值为 0.19 mm,代入验证不等式成立,因此将该孔的公称尺寸定为 ϕ63.5 mm。

4. 计算公差、确定公差等级

1)计算基准件公差

(1)基准孔的公差 $T_h=(L_{测}-L_{基})\times 2$。

(2)基准轴的公差 $T_s=(L_{基}-L_{测})\times 2$。

根据计算出的 T_h 或 T_s 值,从标准公差数值表中查出相近的数值作为基准件的公差值,同时也确定了公差等级。

例 1-1 中,基准孔的实测尺寸为 ϕ63.52 mm,公称尺寸定为 ϕ63.5 mm,计算其公差为 $T_h=(63.52-63.5)\times 2$ mm=0.04 mm。从标准公差数值表中查出相近的数值为 0.046 mm,故将其公差定为 0.046 mm,同时确定其公差等级为 IT8。

2)确定相配件公差等级

相配件公差等级应根据基准件公差等级并按工艺等价性进行选择。

5. 计算基本偏差,确定配合类型

(1)计算孔、轴实测尺寸之差,确定实测配合为间隙配合或过盈配合。

(2)求相配孔、轴的平均公差,即

平均公差 =（孔公差 + 轴公差）/2

（3）当孔、轴实测配合为间隙配合时，可按表 1 – 3 确定配合类型；当孔、轴实测配合为过盈配合时，可按表 1 – 4 确定配合类型。

表 1 – 3 孔、轴实测配合为间隙配合时的配合类型

实测间隙种类		1	2	3	4
		间隙 = $(T_h+T_s)/2$	间隙 < $(T_h+T_s)/2$	间隙 > $(T_h+T_s)/2$	间隙 = 基准件公差/2
轴（基孔制）	配合代号	h	j、k	a、b ~ f、fg、g	js
	基本偏差	上极限偏差	下极限偏差	上极限偏差	± 轴公差/2
	偏差性质	0	–	–	
孔、轴的基本偏差计算		不必计算	查公差表	基本偏差 = 间隙 – $(T_h+T_s)/2$	查公差表
孔（基轴制）	配合代号	H	J、K	A、B、C、CD、D、E、EF、F、FG、G	JS
	基本偏差	下极限偏差	上极限偏差	下极限偏差	± 孔公差/2
	偏差性质	0	+	+	

表 1 – 4 孔、轴实测配合为过盈配合时的配合类型

轴（基孔制）	适用范围	轴的公差等级为 IT4 ~ IT7	轴的公差等级为 IT01、IT1、IT2 及 IT8 ~ IT16
	配合代号	m、n、p、r、s、t、u、v、x、y、z、za、zb、zc	k
	基本偏差绝对值	｜过盈｜ + $(T_h-T_s)/2$①	当 $T_h>T_s$时，出现实测间隙； 当 $T_h<T_s$时，出现实测过盈
	基本偏差	下极限偏差	下极限偏差
	偏差性质	+	0
孔（基轴制）	适用范围	孔的公差等级为 IT8 ~ IT16	孔的公差等级 ≤ IT7，孔公差 > 轴公差
	配合代号	K、M、N、P、R、S、T、U、V、X、Y、Z、ZA、ZB、ZC	K ~ ZC
	基本偏差绝对值	｜过盈｜ – $(T_h-T_s)/2$	｜间隙｜ + $(IT_n-IT_{n-1})/2$② 或 ｜过盈｜ – $(IT_n-IT_{n-1})/2$
	基本偏差	上极限偏差	上极限偏差
	偏差性质	–	–

注：①计算结果如出现负值，说明孔公差小于轴公差，不合适，应调整孔、轴公差等级。

②式中 n 为公差等级。

（4）在大批量装配条件下，过渡配合的轴孔之间实测为间隙时，按国家标准，只能出现基孔制中的$\frac{H}{j}$、$\frac{H}{k}$、$\frac{H}{js}$三种配合类型或基轴制中的$\frac{J}{h}$、$\frac{K}{h}$、$\frac{JS}{h}$三种配合类型，其配合的选择可查表 1 – 3；当过渡配合的轴孔之间实测为过盈时，按国家标准，只能出现基孔制中的$\frac{H}{k}$、$\frac{H}{m}$、$\frac{H}{n}$三种配合类型或基轴制中的$\frac{K}{h}$、$\frac{M}{h}$、$\frac{N}{h}$三种配合，其配合的选择可查表 1 – 4。

6. 确定相配合孔、轴的上、下极限偏差

(1)基准孔:上极限偏差 ES = +IT;下极限偏差 EI = 0。

(2)基准轴:上极限偏差 es = 0;下极限偏差 e = -IT。

(3)非基准孔或轴:上极限偏差 ES(es) = EI(ei) + IT;下极限偏差 EI(ei) = ES(es) - IT。

7. 校核及修正

按照常用优先配合标准进行校核。根据零件的功能、结构、材料、工艺方法及工作条件等要求,必要时可对选定的公差及配合进行适当调整或修正。

【例 1-2】某轴和齿轮孔配合,测得孔的尺寸为 ϕ40.021 mm,轴的尺寸为 ϕ39.987 mm,圆整计算步骤如下。

(1)确定配合基准制:根据结构分析,确定该配合为基孔制。

(2)确定公称尺寸:查表 1-2,并满足不等式(1-1)、(1-2)同时成立,确定公称尺寸为 ϕ40 mm。

(3)计算公差并确定尺寸公差等级。

①确定基准孔的公差,即

$$\begin{aligned} T_h &= (L_{测} - L_{基}) \times 2 \\ &= (40.021 - 40) \times 2 \text{ mm} \\ &= 0.042 \text{ mm} \end{aligned}$$

查公差数值表,IT8 的公差值为 0.039 mm,与求得的 T_h 最为接近,故选孔的公差等级为 IT8,即基准孔为 ϕ40H8。

②确定配合轴的公差,即

$$\begin{aligned} T_s &= (L_{基} - L_{测}) \times 2 \\ &= (40 - 39.987) \times 2 \text{ mm} \\ &= 0.026 \text{ mm} \end{aligned}$$

查公差数值表,IT7 的公差值为 0.025 mm,与求得的 T_s 最为接近,故选配合轴的公差等级为 IT7。

(4)计算基本偏差并确定配合类型。

①孔轴实测间隙 = (40.021 - 39.987) mm = 0.034 mm

②平均公差 = (孔公差 + 轴公差)/2

= [(0.039 + 0.025)/2] mm

= 0.032 mm

③孔、轴之间存在间隙,查表 1-3 得:

$$\begin{aligned} 基本偏差 &= 实测间隙 - 平均公差 \\ &= (0.034 - 0.032) \text{ mm} \\ &= 0.002 \text{ mm} \end{aligned}$$

该值为轴的上极限偏差,且为负值。查轴的基本偏差数值表,与 -0.002 mm 最接近的上极限偏差值为 0,故确定轴的基本偏差为 0,即配合类型为 h,所以配合轴为 ϕ40h7。

(5)确定孔、轴的上、下极限偏差:孔为 $\phi40\text{H8}\left(^{+0.039}_{0}\right)$ mm,轴为 $\phi40\text{h7}\left(^{0}_{-0.025}\right)$ mm。

(6)校核与修正:H8/h7 为优先配合,圆整的配合尺寸 ϕ40H8/h7 合理,不用修正。

1.5.2　类比圆整法

1. 基准制的选择

1)优先选用基孔制

从满足配合性质上讲,基孔制与基轴制完全等效,但从工艺性和经济性等方面比较,基孔制优于基轴制。

2)应选择基轴制的情况

(1)用冷拔圆钢、型材不加工或极少加工就已达到零件使用精度要求时,基轴制在技术上合理、经济上合算。

(2)基准制的选择受标准件要求制约时,应服从标准件既定的基准制。例如,与滚动轴承外圈外径配合的孔应选用基轴制。

(3)机械结构或工艺上要求必须采用基轴制时。

(4)一轴多孔配合时。

(5)特大件与特小件可考虑用基轴制。

2. 公差等级的选择

参考从生产实践中总结出来的经验资料,进行比较选择。选择的基本原则是在满足使用要求的前提下,尽量选取低的公差等级。选择时可从以下几个方面考虑。

(1)根据零件的作用、配合表面粗糙度程度和零件所配设备的精度来选择使之与其相匹配。

(2)根据各公差等级的应用范围和各种加工方法所能达到的公差等级选择。

(3)根据孔、轴的工艺等价性,当公称尺寸≤500 mm 的配合,公差等级≤IT8 级时,推荐选择轴的公差等级比孔的公差等级高一级;若精度较低或公称尺寸 >500 mm 的配合,推荐孔、轴选用同一公差等级。

(4)根据相关件和配合件的精度来选择。如齿轮孔与轴配合的公差等级根据齿轮的精度来选取;与滚动轴承配合的孔和轴的公差等级根据滚动轴承的精度来选取。

(5)根据配合成本来选择。在满足使用要求的前提下,为降低成本,相配合的轴、孔公差等级应尽可能选取低等级。

3. 配合的选择

基准制和公差等级确定之后,基准件的基本偏差和公差等级已全部确定,配合件的公差等级也已确定。因此,配合选择的实质就是选择配合件的基本偏差。

正确选用配合能保证机器高质量运转,延长使用寿命,并使制造经济合理,选用配合时,应考虑以下几个方面:

1)配合件的相对运动情况

若配合件有相对运动,只能选用间隙配合。相对运动速度大的,要选用间隙大的间隙配合。

2)配合件的受力情况

应考虑力的大小及有无冲击和振动等。一般而言,在间隙配合中,单位压力大时,间隙应小些;在过盈配合中,受力大时过盈量应大些,有冲击振动时过盈量也应大些。

3）配合件的定心精度要求

定心精度很高时，应选用过渡配合；定心精度不高时，可用基本偏差为 g 或 h 的间隙配合代替过渡配合，但不宜选用过盈配合。

4）配合件的装拆情况

装拆频繁时，配合的间隙应大些或过盈应小些。

5）配合件的工作温度情况

工作时的温度与装配时的温度相差较大时，应考虑装配时的间隙在工作时的变化量。

6）配合件的生产情况

在单件小批生产时，零件的尺寸常靠近最大实体尺寸，造成配合趋紧。此时，应将间隙放大些，或将过盈量收紧些。另外，零件的表面粗糙度和形位误差对配合性质也有影响，也应考虑进去。

选择配合件的基本偏差及配合类型时，应综合分析配合件多种实际因素之后，结合各种基本偏差的应用和优先常用配合的选用场合来确定。

1.5.3 设计圆整法

设计圆整法是以实际测得的尺寸为基本依据，按照设计的程序来确定公称尺寸和极限的方法。尺寸圆整首先应进行数值优化，数值优化是指各种技术参数数值的简化和统一，即设计制造中所使用的数值，为国家标准推荐使用的优先数，数值优化是标准化的基础。

标准化是指制订标准和贯彻标准以促进经济全面发展的全部活动过程。要实现互换性生产就要求广泛的标准化，互换性指在机械和仪器制造工业中，在同一规格的一批零件或部件中，任取其一，不需任何挑选或附加修配就能装在机器上，达到规定的性能要求，为满足互换性要求，应将同规格的零部件的实际值控制在一定的范围内，即按公差来制造。

现代化生产的特点是品种多、规模大、分工细和协作多。为了社会生产有序地进行，必须通过标准化使产品规格品种简化，使分散的、局部的生产环节相互协调和统一。

1. 优先数和优先数系

在生产中，为了满足用户不同的需求，产品必然出现不同的规格，有时，同一产品的同一参数也要从小到大取不同的数值。这些数值的选取，直接影响到加工过程中的刀具、夹具、量具等规格数量。例如，键的尺寸确定后，键槽的尺寸也就随之确定，继而加工键槽的刀具和量具的尺寸也应当与之对应。由此可见，产品的参数值不能无级变化，否则会使产品、刀具、量具和夹具的规格品种繁多，导致标准化的实施、生产管理、设备维修以及部门间的协作等多方面的困难。为了便于组织互换性生产和协作、配套及维修，合理解决要求产品多样化的用户同只生产单一品种的生产者之间的矛盾，就需要对各种技术参数的数值进行简化和优选，最后统一为合理的标准数系，以便使设计者优先选用数系中的数值，使设计工作从一开始就纳入标准化的轨道。这个标准的数系就是优先数系，它可以使工程上采用的各项参数指标分挡合理，并能使生产部门以较少的品种和规格，经济合理地满足用户对各种规格产品的需求。

优先数系是国际上统一的数值分级制度，是一个重要的基础标准。我国也采用这种制度。

优先数系是一种十进制的等比数列。所谓十进，是要求在数系中包括 1，10，100，……，10^n和 0.1，0.01，……，10^{-n}（n 为正整数）所谓等比，是按一定的公比形成的数列。每后一项的数值相对于前一项数值的增长率（后项减前项的差值与前项之比的百分比）是相等的，它符合分级均匀的需要。即优先数系是由公比为 $\sqrt[5]{10}$、$\sqrt[10]{10}$、$\sqrt[20]{10}$、$\sqrt[40]{10}$、$\sqrt[8]{10}$，且项值中含有 10 的整数幂的理论等比数列导出的一组近似等比的数列。各数列分别用符号 R5、R10、R20、R40、R80 表示，分别称为 R5 系列、R10 系列、R20 系列、R40 系列和 R80 系列，即

R5 系列是以 $\sqrt[5]{10}\approx1.60$ 为公比形成的数系；

R10 系列是以 $\sqrt[10]{10}\approx1.25$ 为公比形成的数系；

R20 系列是以 $\sqrt[20]{10}\approx1.12$ 为公比形成的数系；

R40 系列是以 $\sqrt[40]{10}\approx1.06$ 为公比形成的数系；

R80 系列是以 $\sqrt[80]{10}\approx1.03$ 为公比形成的数系。

前 4 个系列在优先数系中为常用的基本系列，如表 1－5 所示；R80 为补充系列，如表 1－6 所示。当参数要求分级很细，基本系列不能满足需要时才采用补充系列。

在标准中所列的每个数系的数值都已进行了圆整，在选择数值系列时应优先按标准确定。表 1－5、表 1－6 中只给出了（1，10）区间的优先数，对大于 10 和小于 1 的优先数，均可用 10 的整数幂（10，100，1 000…或 0.1，0.01，0.001…）乘以表中的优先数求得。

为了满足生产的需要，有时需要采用派生系列，以 Rr/p 表示，r 代表 5、10、20、40、80。例如，R10/3 系列中，r 为 10，p 为 3，其含意为从 R10 系列中，从某一项开始，每逢 3 项取一个优先数，若从 1 开始，就可得到 1、2、4、8……数系，若从 1.25 开始，就可得到 1.25、2.5、5、10……数系。

表 1－5　优先数系基本系列的常用值（摘自 GB/T 321—2005）

基本系列	1～10 的常用值
R5	1.00，1.60，2.50，4.00，6.30，10.00
R10	1.00，1.25，1.60，2.00，2.50，3.15，4.00，5.00，6.30，8.00，10.00
R20	1.00，1.12，1.25，1.40，1.60，1.80，2.00，2.24，2.50，2.80，3.15，3.55，4.00，4.50，5.00，5.60，6.30，7.10，8.00，9.00，10.00
R40	1.00，1.06，1.12，1.18，1.25，1.32，1.40，1.50，1.60，1.70，1.80，1.90，2.00，2.12，2.24，2.36，2.50，2.65，2.80，3.00，3.15，3.35，3.55，3.75，4.00，4.25，4.50，4.75，5.00，5.30，5.60，6.00，6.30，6.70，7.10，7.50，8.00，8.50，9.00，9.50，10.00

表 1－6　优先数系补充系列的常用值（摘自 GB/T 321—2005）

补充系列	1～10 的常用值
R80	1.00，1.03，1.06，1.09，1.12，1.15，1.18，1.22，1.25，1.28，1.32，1.36，1.40，1.45，1.50，1.55，1.60，1.65，1.70，1.75，1.80，1.85，1.90，1.95，2.00，2.06，2.12，2.18，2.24，2.30，2.36，2.43，2.50，2.58，2.65，2.72，2.80，2.90，3.00，3.07，3.15，3.25，3.35，3.45，3.55，3.65，3.75，3.85，4.00，4.12，4.25，4.37，4.50，4.62，4.75，4.87，5.00，5.15，5.30，5.45，5.60，5.80，6.00，6.15，6.30，6.50，6.70，6.90，7.10，7.30，7.50，7.75，8.00，8.25，8.50，8.75，9.00，9.25，9.50，9.75，10.00

优先数系的应用很广泛，适用于各种尺寸、参数的系列化和质量指标的分级，对保证各种工业产品的品种、规格、系列的合理化分挡和协调配套具有十分重要的意义。

选用基本系列时，应遵守先疏后密的规则，即按 R5、R10、R20、R40 的顺序依次选用；当基本系列不能满足要求时，可选用派生系列。

由于优先数系中包含有各种不同公比的系列，因而可以满足各种较密和较疏的分级要求。优先数系以其广泛的适用性，成为国际上通用的标准化数系。工程技术人员应在一切标准化领域中尽可能地采用优先数系，以达到对各种技术参数协调、简化和统一的目的。

2. 常规设计的尺寸圆整

常规设计是指以方便设计、制造和良好的经济性为主的标准化设计。在对常规设计的零件进行尺寸圆整时，一般应使其公称尺寸符合国家标准推荐的尺寸系列（见表 1－5），优先选用的顺序是 R10、R20、R40 系列。注意，R40 系列中有些数值没有与之相配合的轴承，所以选用 R40 系列数值时要特别留意。公差、极限偏差和配合应符合国家标准。

【例 1－3】实测一对配合孔和轴，孔的尺寸为 $\phi25.012$ mm，轴的尺寸为 $\phi24.978$ mm。尺寸圆整如下：

（1）确定公称尺寸。根据孔、轴实测尺寸查表 1－5 可知，靠近又符合优先系列的标准尺寸只有 25 mm，故将该配合的公称尺寸选为 $\phi25$ mm。

（2）确定基准制。通过结构分析可知，该配合为基孔制配合。

（3）确定极限。从技术资料得知，该配合件属单件小批生产。从工艺特点可知，单件小批生产时，零件尺寸靠近最大实体尺寸，即轴的尺寸靠近最大极限尺寸。该轴的尺寸为 $\phi25_{-0.022}^{0}$ mm，故应靠近轴的基本偏差（上极限偏差）。查轴的基本偏差表，在 25 mm 尺寸段内，最靠近 －0.022 mm 的基本偏差值只有 －0.020 mm，其基本偏差代号为 f。

（4）确定公差等级。根据配合件的作用、结构、工艺特征，并与同类零件比较，将轴的公差等级选为 IT7，根据工艺等价性质，将孔的公差等级选为 IT8。

综上得该配合孔轴的尺寸圆整为 $\phi25$H8/f7。

3. 非常规设计的尺寸圆整

公称尺寸和尺寸公差不一定都是标准化的尺寸，称为非常规设计的尺寸。

1）非常规设计尺寸圆整的原则

（1）功能尺寸、配合尺寸、定位尺寸允许保留一位小数，个别重要的尺寸可保留两位小数，其他尺寸圆整为整数。

（2）将实测尺寸圆整为整数或须保留的小数位时，尾数删除应采用四舍六进五单双法，即：逢 4 舍，逢 6 进，遇 5 保证偶数。

例如，18.77 应圆整为 18.8（逢 6 以上进 1 位）；18.73 圆整为 18.7（4 以下舍去）；但对 18.75、18.85 两个实测尺寸，当需要保留一位小数时，则都应圆整为 18.8（保证圆整后的尺寸为偶数）。注意删除尾数时，不得逐位删除。如 35.456 保留整数时，圆整后为 35，而不是逐位圆整 35.456→35.46→35.5→36。

（3）尽量使圆整后的尺寸符合国家标准推荐的尺寸系列值。

2）轴向主要尺寸（功能尺寸）的圆整

可根据实测尺寸和概率论理论，考虑到零件制造误差是由系统误差与随机误差造成的，其概率分布应符合正态分布曲线，故假定零件的实际尺寸应位于零件公差带中部，即当尺寸只有一个实测值时，就可将其当成公差中值，尽量将基本尺寸按国标圆整成为整数，并同时保证所给公差等级在 IT9 级以内。公差值采用单向或双向,孔类尺寸取单向正公差,轴类尺寸取单向负公差,长度类尺寸采用双向公差。

【例 1 -4】现有一个实测值为非圆结构尺寸 19.98 mm,确定其基本尺寸和公差等级。

(1)确定公称尺寸。查表 1 -5 可知,20 与实测值接近,确定公称尺寸为 20 mm。

(2)确定公差数值。根据保证所给公差等级在 IT9 级以内的要求,初步定为 20IT9,查阅公差表,标准公差为 0.052 mm,根据非圆的长度尺寸,公差一般处理为:孔按 H,轴按 h,一般长度按 js(对称公差带)。

(3)确定极限。取基本偏差代号为 js,公差等级取为 IT9 级,则此时的上、下极限偏差为 es = +0.026 mm,ei = -0.026 mm。实测尺寸 19.98 mm 的位置基本符合要求,圆整合理。

3)非功能尺寸的圆整

即一般尺寸的圆整,指未注公差的尺寸,包括功能尺寸外的所有轴向尺寸和非配合尺寸。通常,这类尺寸在图样上均不直接注出公差,其公差等级在不同的行业有很大不同。

(1)公差值可按国标未注公差规定或由企业统一规定,圆整这类尺寸,一般不保留小数,如 10.03 圆整为 10,40.06 圆整为 40。圆整后的基本尺寸要符合国标规定。

(2)尺寸公差按国家标准 GB/T 1804—2000《一般公差　未注公差的线性和角度尺寸的公差》规定的线性尺寸的极限偏差数值,如表 1 -7 所示选择。

表 1 -7　线性尺寸的极限偏差数值(摘自 GB/T 1804—2000)　　单位:mm

公差等级	尺寸分段							
	0.5 ~ 3	>3 ~ 6	>6 ~ 30	>30 ~ 120	>120 ~ 400	>400 ~ 1 000	>1 000 ~ 2 000	>2 000 ~ 4 000
f(精密级)	±0.05	±0.05	±0.1	±0.15	±0.2	±0.3	±0.5	—
m(中等级)	±0.1	±0.1	±0.2	±0.3	±0.5	±0.8	±1.2	±2
c(粗糙级)	±0.2	±0.3	±0.5	±0.8	±1.2	±2	±3	±4
v(最粗级)	—	±0.5	±1	±1.5	±2.5	±4	±6	±8

标准将这类尺寸的公差分为 f(精密级)、m(中等级)、c(粗糙级)、v(最粗级)四个等级,根据零件精度要求选用其中一级。该公差一般不必注在公称尺寸数值之后,而是在图样、技术文件或标准中作出总的说明即可。例如,常在零件图标题栏上方或技术要求内标明“未注公差尺寸按 GB/T 1804—2000 制造和验收”。

测绘时,还要考虑机器或设备中各部件、组件、零件之间的关系,在零件图上标注尺寸时,必须注意把装配在一起的有关零件尺寸一起测量,对测绘结果进行比较,一并确定配合性质、基本尺寸和尺寸偏差,不仅相关尺寸的数值要相互协调,而且在尺寸的标注形式上也应采用相同的标注方法。

1.6　几何公差的确定

零件的形状和位置误差直接影响机器的装配性能和精度,还会影响机器的工作精度、使用寿命等。保证形状和位置精度是零件加工、机器制造的关键技术,必须给予高度重视。在零件测绘时,对有配合要求和影响配合质量的表面都应提出形状或位置精度要求。

1.6.1 几何公差项目的确定

在保证零件使用要求的前提下，应尽量使形位公差项目减少，需要首先考虑零件的几何特征，然后考虑零件的使用功能，考虑形位公差能实现的控制功能，再考虑检测的方便性。

(1)首先要从保证零件设计性能和使用要求确定几何公差项目。

(2)从各种典型零件的多种加工方法出现的误差种类确定几何公差项目。

(3)查阅机械零件设计手册或资料中有关零件或结构要求的几何公差项目来确定。

(4)参考同类型产品图样确定几何公差项目。

1.6.2 几何公差数值的选用

根据零件的功能要求，考虑加工的经济性和零件的结构、刚性等情况，按各种几何公差值表的数系确定表面的公差数，并考虑下列情况：

(1)同一表面上的形状公差值应小于位置公差值，如两平面的平面度公差值应小于两平面的平行度公差值。

(2)圆柱形零件的形状公差值(轴线的直线度除外)，一般情况下应小于其尺寸公差值。形状公差与尺寸公差的大致比例关系如表 1-8 所示。

(3)平行度公差值应小于相应的距离公差值。

(4)形状公差值一般大于表面粗糙度值。形状公差值与表面粗糙度参数及其数值的关系如表 1-9 所示。

表 1-8 形状公差与尺寸公差的大致比例关系

尺寸公差等级	孔或轴	形状公差占尺寸公差的百分比
IT5	孔	20% ~ 67%
	轴	33% ~ 67%
IT6	孔	20% ~ 67%
	轴	33% ~ 67%
IT7	孔	20% ~ 67%
	轴	33% ~ 67%
IT8	孔	20% ~ 67%
	轴	33% ~ 67%
IT9	孔、轴	20% ~ 67%
IT10	孔、轴	20% ~ 67%
IT11	孔、轴	20% ~ 67%
IT12	孔、轴	20% ~ 67%
IT13	孔、轴	20% ~ 67%
IT14	孔、轴	20% ~ 50%
IT15	孔、轴	20% ~ 50%
IT16	孔、轴	20% ~ 50%

表 1－9　形状公差与表面粗糙度参数及其数值的关系

形状公差 t 占尺寸公差 IT 的百分比 t/IT(%)	表面粗糙度参数数值占尺寸公差的百分比
	Ra/IT(%)
≈60	≤5
≈40	≤2.5
≈25	≤1.2

考虑到加工的难易程度和除主参数外其他参数的影响，在满足零件功能要求的前提下，下列情况可适当降低 1～2 级几何公差等级。

(1)孔相对于轴。

(2)细长比较大的轴或孔。

(3)距离较大的轴或孔。

(4)宽度较大(一般大于 1/2 长度)的零件表面。

(5)线对线和线对面相对于面对面的平行度。

(6)线对线和线对面相对于面对面的垂直度。

有些零件制定了专用的公差标准(不能误用一般标准)，如齿轮、蜗轮蜗杆、花键、带轮等，可查阅机械零件设计手册或有关资料，选用标准规定的几何公差项目及公差数值。

未注几何公差表面的几何公差数值应符合国家标准的规定。

1.7　表面粗糙度的确定

表面粗糙度是零件表面的微观几何形状误差。它影响零件的耐磨性、配合性、抗疲劳性、接触刚度及耐腐蚀性。因此，正确确定零件表面粗糙度也是测绘过程中的一项重要内容。

1.7.1　确定表面粗糙度的方法

确定表面粗糙度的方法很多，测绘中常用的方法有比较法、仪器测量法及类比法。比较法和仪器测量法适用于确定无磨损或磨损极小的零件表面粗糙度；磨损严重的零件表面只能用类比法来确定；对于零件的内部表面，可采用印模法测量后再确定。

1. 比较法

比较法是将被测表面与已知高度特征参数值的粗糙度样板相比较，通过人的视觉和触觉，亦可借助放大镜来判断被测表面的粗糙度。比较时，所用的粗糙度样板的材料、形状和工艺尽可能与被测表面相同，这样可以减少误差，提高判断的准确性。这种方法比较简便，并适合在现场使用，但需要操作者有一定的经验。

2. 仪器测量法

仪器测量法是利用表面粗糙测量仪器确定被测表面粗糙度数值的，常用的测量仪器有以下几种：

(1)光切显微镜。光切显微镜又称双管显微镜，可用于测量车、铣、刨及其他类似方法加工的金属外表面的轮廓最大高度 Rz 值。测量范围一般为 $Rz=0.8\sim100$ μm。

(2)干涉显微镜。干涉显微镜是利用光干涉原理测量表面粗糙度的仪器,主要测量 Rz,测量范围一般为 $Rz = 0.05 \sim 0.8\ \mu m$。

(3)电动轮廓仪。电动轮廓仪是一种接触式测量表面粗糙度的仪器。它的最大优点是能直接读出被测表面的轮廓算术平均偏差 Ra 值,能够测量平面、轴、孔和圆弧面等各种形状的表面粗糙度。它的测量范围为 $Ra = 0.01 \sim 5\ \mu m$,高精度轮廓仪的分辨力可达 0.5 nm。

3. 类比法

类比法是根据被测表面的粗糙度情况以及作用、加工方法、运动状态等特征,查阅经验统计资料来确定表面粗糙度数值的方法。常见的经验统计资料有:轴和孔的表面粗糙度参数及其数值推荐值,表面粗糙度的表面特征、经济加工方法及应用举例等。

1.7.2 在用类比法确定表面粗糙度数值时应考虑的因素

(1)同一零件上,工作表面的粗糙度值应小于非工作表面上的粗糙度值。

(2)摩擦表面的粗糙度值应小于非摩擦表面的粗糙度值,滚动摩擦表面的粗糙度值应小于滑动摩擦表面的粗糙度值。

(3)运动速度高、单位面积压力大的表面,以及受交变应力作用的重要零件上的圆角、沟槽的表面粗糙度值均应小些。

(4)配合性质要求越稳定,配合表面的粗糙度值应越小;配合性质相同时,小尺寸结合面的粗糙度值应小于大尺寸结合面的粗糙度值;同一公差等级的轴的粗糙度值应小于孔的粗糙度值。

(5)表面粗糙度值应与尺寸公差、形状公差相协调。一般情况下,尺寸公差、形状公差小的表面,其粗糙度值也小。

(6)防腐性、密封性要求高,外表美观的表面,其粗糙度值应小些。

(7)凡有关标准已对表面粗糙度要求作出规定的表面,如与滚动轴承配合的轴和孔、键槽、齿轮、带轮的主要表面等,应按标准确定表面粗糙度参数项目及数值。

1.8 被测零件材料的鉴定及其热处理方法的选用

1.8.1 被测零件材料的鉴定

在测绘过程中,鉴定被测零件材料通常应用以下方法。

1. 化学分析法

通过取样,并用化学分析的手段,对零件材料的成分及含量进行定量分析。测绘中,常用刀片在零件非重要表面上刮下少许金属屑(取样),然后送实验室进行化验分析。

2. 光谱分析法

根据金属材料各元素的光谱特征,用光谱分析仪鉴定零件材料的组成元素,但用此法不能确定各元素的含量。

3. 外观判断法

观察零件表面的颜色光泽,敲击零件听其响声,手摸表面感觉光滑情况等。如钢铁呈黑色，青铜呈青紫色，黄铜色泽黄亮，铜合金呈红黄，铅合金及铝合金则呈银白色，铸铁色泽灰白；钢材声音清脆且有余音，铸铁声音闷实；铸铁手感涩粗，钢材及有色金属加工表面手感光细且有加工纹路。

4. 硬度鉴定法

一般多在硬度机上鉴定，对于大型零件，可用锤击式简易布氏硬度试验器进行鉴定。对于不重要的零件，可在现场用锉刀试验法及划针试验法来测定。

5. 火花鉴定法

利用零件在砂轮上磨削时，形成的火花特征来确定零件的材料。

1.8.2 被测零件材料及其热处理方法的选用

选择材料的基本原则是在满足零件使用性能的前提下，尽可能选用工艺性能优良、成本低廉的材料。

对于形状复杂，强度要求不高的零件（外观上看，非工作面有明显圆角、拔模斜度粗糙表面，可以确定为铸件），一般材料选灰铸铁 HT200 就可以了，如齿轮油泵部件中的泵体和泵盖；对于轴类，受力较大的零件，一般选优质碳素钢 45 钢，如齿轮油泵部件中的一对啮合的齿轮轴；对于一些需要耐磨的零件，如顶尖，可以选含碳量高的碳素工具钢 T10A，经过淬火、低温回火后，可以达到很高的硬度，才能耐磨；对于非重要场合的结构用钢，强度要求不高，无特殊耐磨、耐热、抗腐蚀要求的零件，均可选普通碳素结构钢 Q235A，如填料压盖、压紧螺母等。常用零件常用材料及其热处理的方法推荐如下：

1. 轴类零件

轴类零件材料的选择与工作条件和使用要求有关，相应的热处理方法也就不同。通常轴套类零件多采用 35、45、50 优质碳素结构钢，其中 45 钢应用最广泛，一般进行调质处理使硬度达到 230 ~ 260 HBS；不太重要或受力较小的轴可以采用 Q255 等碳素结构钢；受力较大、强度要求较高的轴可以采用 40Cr 钢，高速重载工作条件下的轴，可选用 20CrMnTi 等合金结构钢，采用渗碳淬火或渗氮处理。套类零件一般用钢材、铸铁、青铜或黄铜等材料。有些滑动轴承采用双金属结构，即用离心铸造法在钢制外套内壁上浇注锡青铜、铅青钢或巴氏合金等轴承合金材料。

2. 盘盖类零件

盘盖类零件常用的毛坯有铸件和锻件，铸件以灰铸铁居多，一般为 HT100 ~ HT200，也有采用有色金属材料的，常用的为铝合金。对于铸造毛坯，一般应进行时效热处理，以消除内应力，并要求铸件不得有气孔、缩孔、裂纹等缺陷；对于锻件，则应进行正火或退火热处理，并不得有锻造缺陷。

3. 叉架类零件

叉架类零件常用毛坯为铸件和锻件。铸件一般应进行时效热处理，锻件应进行正火或退火热处理。毛坯不应有砂眼、缩孔等缺陷，应按规定标注出铸（锻）造圆角和斜度。根据使用要求提出必需的最终热处理方法及所达到的硬度及其他要求。

4. 箱体类零件

箱体类零件多采用灰铸铁，如 HT150、HT200、HT250 等。一般铸造后需进行人工时效、消除内应力等热处理。

5. 齿轮类零件

对于中、轻载荷的低速齿，常采用优质碳素结构钢，如45钢，其经正火或调质，可获得较好的综合性能；对于中速、中载且要求较高的齿轮，常采用中碳合金钢，如40Cr、40MnB等，其综合性质优于优质碳素结构钢；对于高速、重载、冲击大的齿轮，常用渗碳、渗氮钢，如20Cr、20CrMnTi等；低速、轻载、无冲击的齿轮可采用铸铁，如HT200、HT300等。

6. 标准件

螺栓、螺钉、垫圈、销、键以及弹簧等基本标准化零件由专业厂生产，一般可通过查阅有关手册得知其材料及热处理规范。

综合零件的结构特点、工作情况、使用要求和对其材料、硬度的鉴定结果，以及参考典型零件常用材料及热处理和金属材料牌号及应用表，即可确定被测零件的材料及热处理规范。

1.9 有关规定和参考格式

1.9.1 图线

1. 常用图线

绘制图样时，应采用国家标准规定的线型和画法图线，应用示例如图1-31所示。机械图样中9种常用图线的用法有：

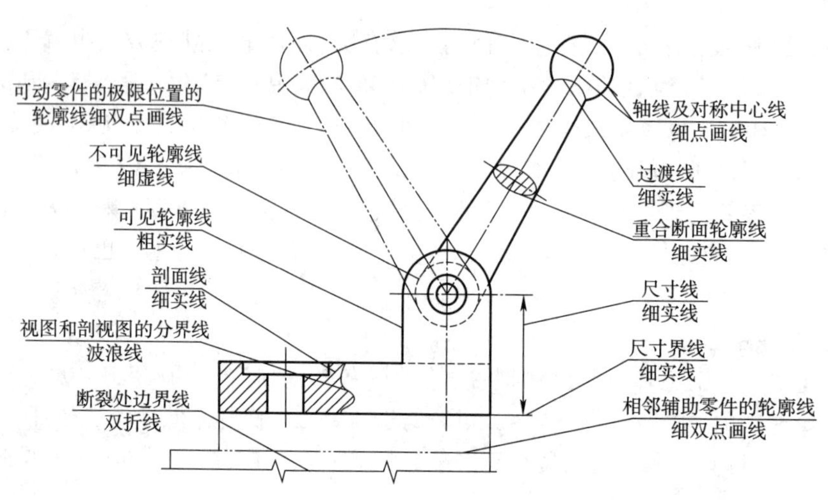

图1-31 图线应用示例

(1)粗实线——可见轮廓线。

(2)细实线——尺寸界线及尺寸线、剖面线、重合剖面轮廓线、过渡线等。

(3)细虚线——不可见轮廓线、不可见棱边线。

(4)细点画线——轴线、对称中心线、孔系分布的中心线。

(5)细双点画线——相邻辅助零件的轮廓线、可动零件的极限位置的轮廓线。

(6)波浪线——断裂处的边界线、视图与剖视的分界线。

(7)双折线——断裂处的边界线。

(8)粗点画线——有特殊要求的线或表面的表示线。

(9)粗虚线——允许表面处理的表示线。

机械图样的图线分粗、细两种,图线的宽度 d 应按图样的类型和尺寸大小,在以下线型组别中选取:0.25、0.35、0.5、0.7、1.0、1.4、2(单位:mm)。粗线宽度通常采用 $d=0.5$ mm 或 0.7 mm。细线的宽度约为 $d/2$。

2. 图线的画法

(1)同一图样中,同类型的图线宽度应一致。虚线、点画线等的线段长和间隔应尽量一致。

(2)绘制圆的对称中心线时,圆心应为线段的交点。点画线、双点画线的首尾应为线段,且应超出轮廓线 2~5 mm。

(3)在较小的图形上可用细实线代替点画线。

(4)当虚线与虚线或虚线与粗实线相交,应是线段相交。当虚线是粗实线的延长线时,在连线处应断开。

(5)细虚线画法如图 1-32 所示。

(6)细点画线画法如图 1-33 所示。

图 1-32　细虚线画法(单位:mm)　　图 1-33　细点画线画法(单位:mm)

1.9.2　图纸幅面、标题栏及明细表参考格式

1. 图纸幅面

图纸幅面应优先采用表 1-10 中规定的图纸基本幅面。常用的基本幅面共有 5 种,A0~A4,必要时允许选用加长幅面,其尺寸必须是由基本幅面的短边成整数倍增加后得出。图纸上限定绘图区域的线框称为图框。在图纸上必须用粗实线画出图框,其格式分为留装订边和不留装订边两种,如图 1-34 所示。

表 1-10　A0~A4 图纸幅面尺寸

单位:mm

幅面代号	A0	A1	A2	A3	A4
尺寸 $B \times L$	841×1 189	594×841	420×594	297×420	210×297
e	20		10		
c	10			5	
a	25				

2. 标题栏及明细栏的参考格式

参考制图作业中简化的标题栏和明细表,标题栏参考格式如图 1-35 所示,明细表参考格式如图 1-36 所示。

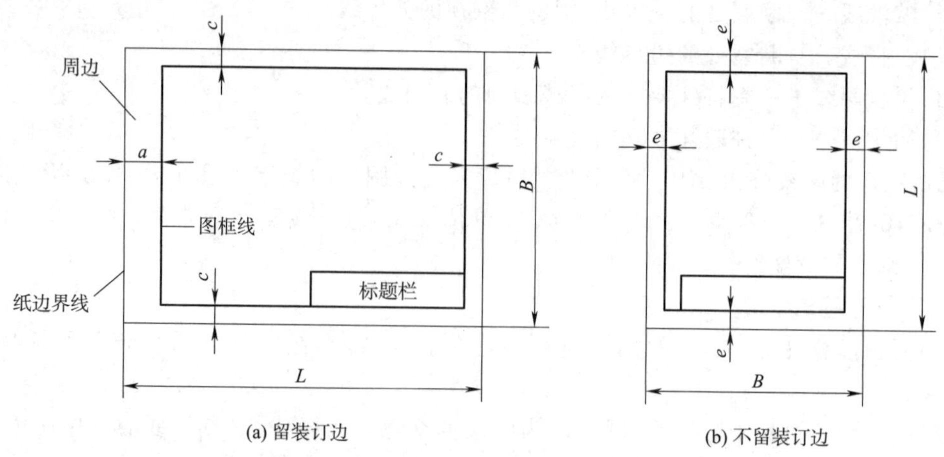

图 1－34　图框格式

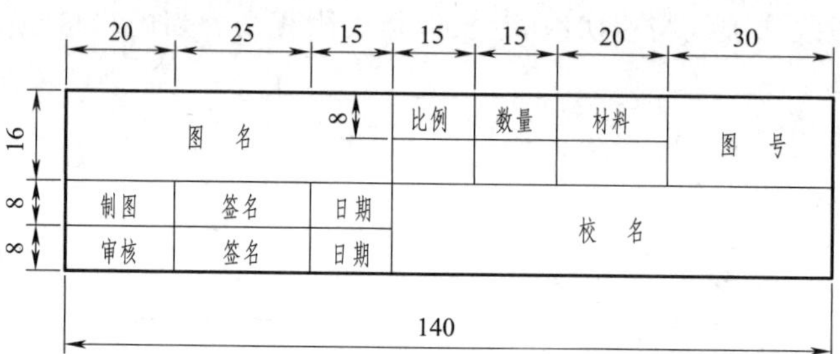

图 1－35　标题栏参考格式示意图

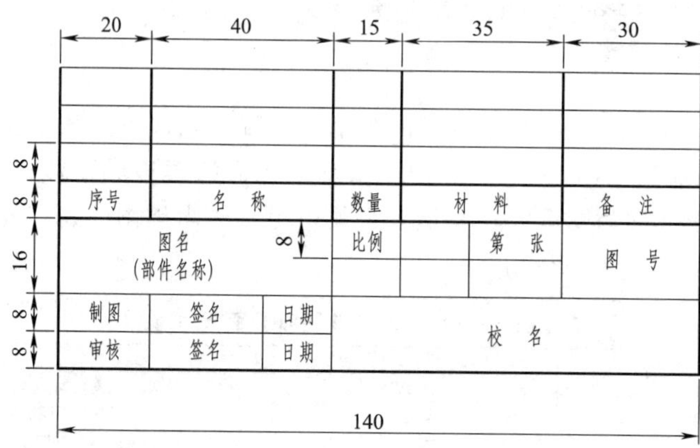

图 1－36　明细表参考格式示意图

第2章 典型零件的测绘

机械零件的形状结构多种多样,复杂程度不一,加工方法不同,但有些零件在其主要作用、主要结构形状和视图表达方法等方面都有共同特点和普遍规律。根据零件的这些类似之处,我们将一般零件分为轴类零件、盘盖类零件、叉架类零件和箱体类零件四大类。本章分别介绍这四类典型零件的结构特点、视图表达方法、尺寸标注与测量方法、零件技术要求的选择、加工工艺分析等内容。

2.1 轴类零件的测绘

选取典型的轴类零件,具体举例阐述轴类零件的测绘过程需要考虑的方面,如分类、功能分析、视图表达、测量方法、尺寸标注、技术要求和加工工艺等。

2.1.1 轴类零件的分类和功能分析

1. 轴类零件的类型和用途

轴是一种重要的机械零件,主要用来支承转动零件并传递运动、扭矩和弯矩。根据其承载情况的不同,轴分为转轴、心轴和传动轴。转轴同时承载弯矩和转矩,有时还承受轴向力,如蜗杆轴;心轴只承受弯矩,不承受转矩或转矩很小,如支承滑轮的轴;传动轴主要承受转矩,不承受弯矩或弯矩很小,如汽车中的传动轴。根据其外形的不同,轴分为光轴和阶梯轴。光轴形状简单,加工容易,但安装在光轴上的零件较难定位和固定;阶梯轴则与之相反。如图2-1所示是两种常见的轴类零件。

2. 轴类零件常见工艺结构分析

轴类零件的基本形状是回转体,通常由不同直径大小的圆柱体或圆锥体组合而成,轴上通常有螺纹孔、销孔、键槽、退刀槽、砂轮越程槽、挡圈槽、倒角、圆角和中心孔等结构。常见轴类零件结构如图2-1所示。

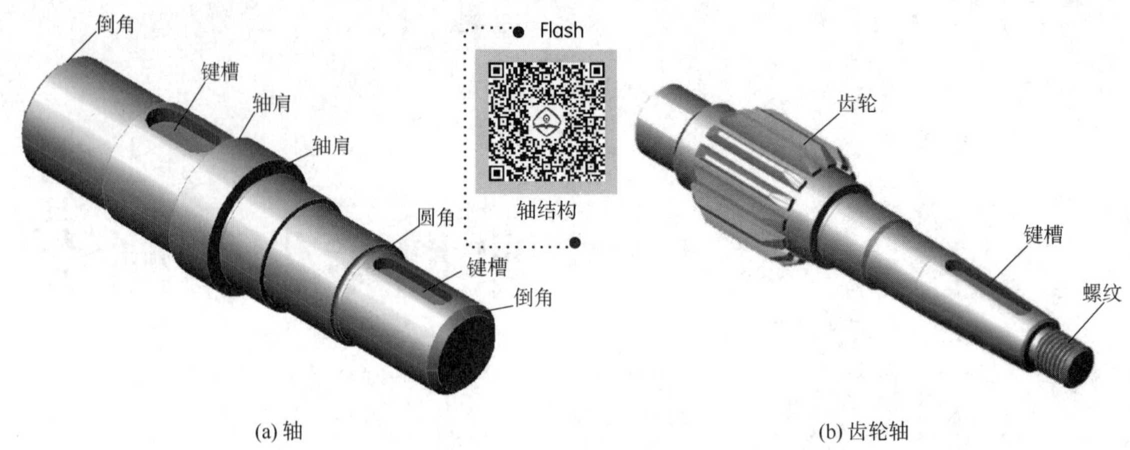

(a) 轴　　(b) 齿轮轴

图 2－1　常见轴类零件结构

2.1.2　轴类零件的视图表达

1. 结构分析

在考虑轴类零件的图形表达方法时，必须先了解这根轴的各个部分的作用和特点。如图 2－1(a)所示的是一种单级圆柱齿轮减速器的输出轴。轴的最右端用齿轮或皮带轮与其他部件连接，实现减速的目的。齿轮或皮带轮与轴利用键连接方式进行连接，所以此轴段设计有键槽结构。轴的中间段也用键将齿轮和轴连接在一起，故此轴段也有键槽结构。轴的两端分别通过滚动轴承安装到减速器箱体的座孔里，实现旋转运动。轴中间段键连接的齿轮一侧靠轴肩轴向定位，另一侧通过套筒来轴向定位。为了防止齿轮以及整根轴的轴向移动，还用调整环和嵌入到座孔的闷盖来定位。轴两端均有倒角，以去除金属锐边或毛刺，也有利于轴上零件的装配。

2. 表达分析

1）视图的选择（以图 2－2 为例）

轴主要由不同直径的圆柱体组合而成，一般采用垂直于轴线的方向作为主视图的投射方向，这样不仅可以表达清楚各段圆柱体的相对位置和形状大小，还可以反映出轴上的轴肩、退刀槽、倒角和圆角等结构。同时轴一般采用车削或磨削加工，这时轴线处于水平位置。所以其主视图采用轴线水平放置，根据加工的实际情况，一般把直径小的一端放置在右面，并将键槽正对着观察者的方向，这样主视图还能反映键槽的形状和位置。

主视图在标注完尺寸后，主要结构的形状大小都可以表达清楚了。但还需进一步表达键槽的深度，采用断面图来表达，如图 2－2 所示。这样轴的结构形状都已表达清楚。

2）表达方法归纳总结

通过以上的分析过程，根据轴类零件的结构特点，其表达方法可归纳为：轴类零件一般只需一个基本视图，即一个主视图，主视图一般采用垂直于轴线的方向作为其投射方向，并按加工位置将轴线水平横放，同时将直径较小的一端放置在右面，轴上的键槽方向朝前。基本视图无法表达清楚的键槽、退刀槽、砂轮越程槽、挡圈槽、中心孔或其他结构，可以采用断面图、局部剖视图或局部放大图等表达方法加以补充表达。

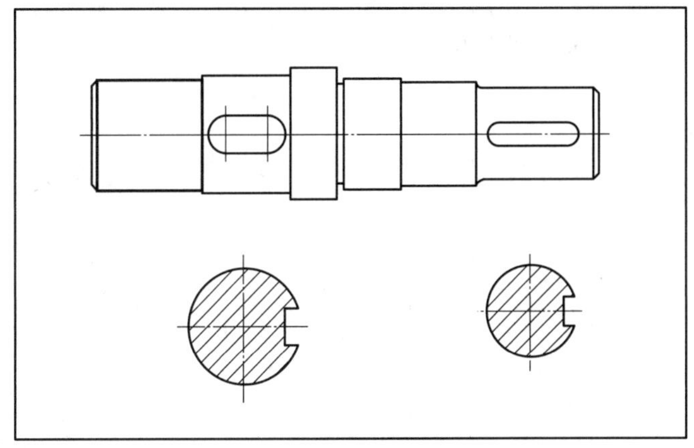

图 2－2　轴类零件的表达方法

2.1.3　轴类零件的测量与尺寸标注

1. 轴类零件的尺寸标注

零件图上的尺寸是加工和检验零件的重要依据之一，标注时除了要达到完整、清晰和符合国家标准的要求外，还要考虑怎样把尺寸标注得比较合理以符合生产实际的要求，这就必须正确地选择尺寸基准。所谓尺寸基准是在设计、制造和检验零件时计量尺寸的起点所确定的零件上的一些点、线或面，又称为零件图上标注尺寸的起点。它分为设计基准和工艺基准两种：设计基准是指设计零件时根据零件在机器中的位置和作用，为了保证其使用性能而确定的基准，又称为主要基准；工艺基准是指加工或测量零件时为方便装夹定位或便于测量而确定的基准，又称为辅助基准。

零件在长宽高三个方向上至少各有一个主要基准。在每个方向上，根据加工或检测的要求，一般还要附加一些辅助基准。主要基准和辅助基准之间有尺寸联系。零件上常用的基准有安装面、重要支承面、重要端面、零件装配时的结合面、零件的对称面、重要的回转轴线等。

轴类零件的尺寸基准如何确定，要根据其具体的结构设计特点来确定。下面以减速器的输出轴为例来说明轴类零件尺寸基准的选择，其零件图如图 2－3 所示。

1）径向基准

当轴水平放置时，其宽和高两个方向尺寸大小相同，我们将这两个方向统称为径向方向。为了保证输出轴的转动平稳以及齿轮与齿轮的正确啮合，轴上的各轴段均要求在同一轴线上，因此轴线就是径向方向的设计基准。轴在加工时一端用圆形卡盘卡住，另一端用顶尖支承，这时轴线就是工艺基准。工艺基准和设计基准重合，加工后容易达到精度要求，如图 2－4 所示。

2）轴向基准

输出轴上安装了齿轮、套筒和滚动轴承等零件，为了保证齿轮的正确啮合，齿轮在轴上的轴向定位很重要，齿轮的一侧由轴上的左轴肩定位，因此选用这一定位轴肩作为轴向尺寸的设计基准，即主要基准，如图 2-5 所示。同时，由此以尺寸 $13_{-0.1}^{\ 0}$ mm 确定右轴肩的位置，再以尺寸 15 mm 确定右侧滚动轴承的定位基准面，再以尺寸 73 mm 决定输出轴的右端面，以此为测量工艺基准，标注尺寸 34 mm 和总长尺寸 142 mm。

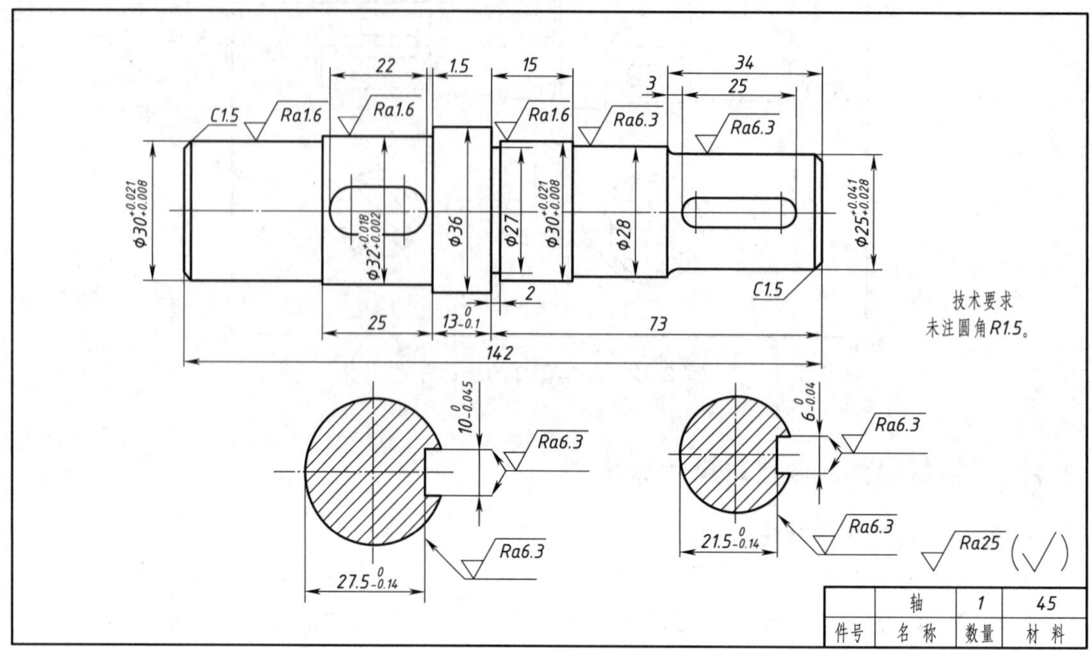

件号	名称	数量	材料
	轴	1	45

图 2-3　输出轴零件图

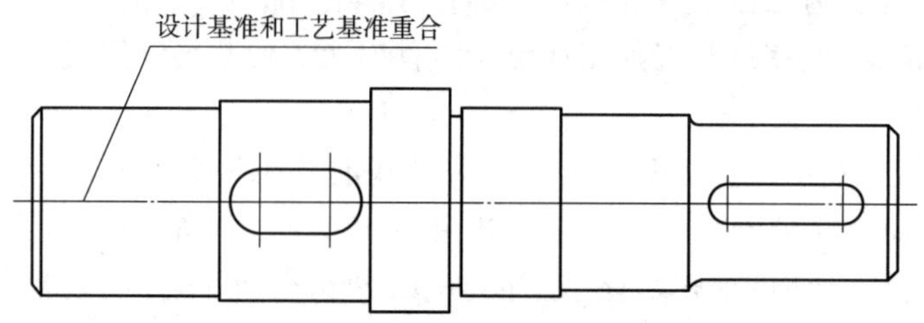

图 2-4　输出轴的径向尺寸基准

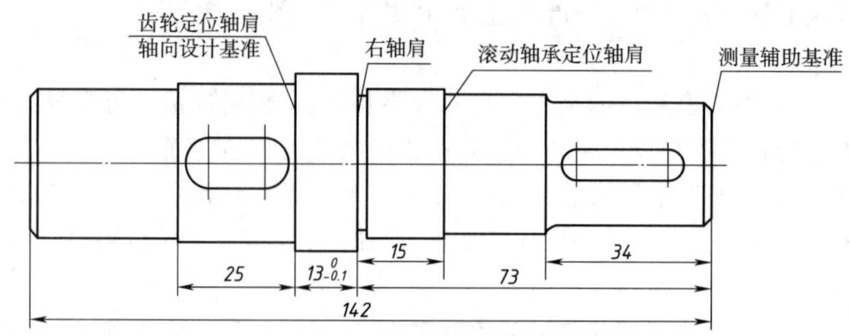

图 2-5　输出轴的轴向尺寸基准

2. 轴类零件的测量

要绘制出轴的零件图,需要测量轴的每处尺寸。测量前要确定采用什么样的测量方法。由于测量时无法避免制造误差和测量误差,测量出来的尺寸往往不是整数。绘制零件图时要根据零件的实际测量值推断原设计尺寸,即对尺寸进行圆整,同时考虑与之有配合要求的零件的尺寸的一致性(有配合要求的两零件的设计尺寸必须相同)。

一般在测量前需要先做输出轴需测量尺寸编号图如图 2 - 6 所示和测量尺寸分析表如表 2 - 1 所示,并详细分析每个测绘方案。

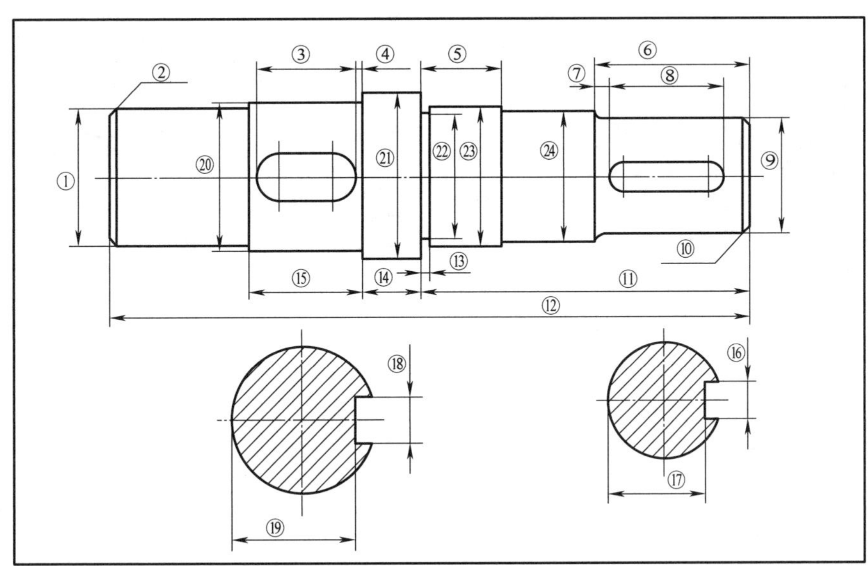

图 2 - 6　输出轴需测量尺寸编号图

表 2 - 1　输出轴测量尺寸分析表　　单位:mm

尺寸编号	尺寸类型	测量工具	测量方法	测量结果	圆整后标注	配合关系
①	定形尺寸	游标卡尺或外卡配合钢直尺	外卡		$\phi 30$	有
②	定形尺寸	根据轴径查表确定			C1.5	
③	定形尺寸	游标卡尺或内卡配合钢直尺	内卡		22	
④	定位尺寸	钢直尺			1.5	
⑤	定形尺寸	钢直尺			15	
⑥	定形尺寸	钢直尺			34	
⑦	定位尺寸	钢直尺			3	
⑧	定形尺寸	游标卡尺	内卡		25	
⑨	定形尺寸	游标卡尺	外卡		$\phi 25$	有
⑩	定形尺寸	根据轴径查表确定			C1.5	
⑪	定形尺寸	游标卡尺或钢直尺	深度尺		73	
⑫	定形尺寸	游标卡尺或钢直尺	外卡		142	

续表

尺寸编号	尺寸类型	测量工具	测量方法	测量结果	圆整后标注	配合关系
⑬	定形尺寸	根据轴径查表确定或游标卡尺	内卡		2	
⑭	定形尺寸	游标卡尺	外卡		13	有
⑮	定形尺寸	游标卡尺或钢直尺	深度尺		25	
⑯	定形尺寸	根据轴径查表确定			6	有
⑰	定形尺寸	根据轴径查表确定			21.5	有
⑱	定形尺寸	根据轴径查表确定			10	有
⑲	定形尺寸	根据轴径查表确定			27.5	有
⑳	定形尺寸	游标卡尺	外卡		ϕ32	有
㉑	定形尺寸	游标卡尺	外卡		ϕ36	
㉒	定形尺寸	游标卡尺	外卡		ϕ27	
㉓	定形尺寸	游标卡尺	外卡		ϕ30	有
㉔	定形尺寸	游标卡尺	外卡		ϕ28	

注:测量结果根据所用工具的精度而定。

1)轴向尺寸的测量

一般轴类零件的轴向尺寸可以用钢直尺或游标卡尺直接测量,再进行圆整。轴的总长尺寸应直接量取,不能先量各轴段长度,再进行累加计算。

2)径向尺寸的测量

有些轴上的圆柱是配合轴段,这些轴段的径向尺寸就是配合尺寸。在测量这些尺寸时,先用游标卡尺或千分尺测量出各轴段的实际直径,再根据配合种类、表面粗糙度性质等查阅极限偏差表选择相应轴的基本尺寸和极限偏差值。

3)标准结构的测量

轴上的标准结构一般有螺纹、键槽和销孔等,测量普通螺纹时,用螺距规测量其螺距,用游标卡尺或千分尺测量其大径,然后查阅标准螺纹表选用较接近的螺纹尺寸。

轴上的键槽尺寸主要有槽宽、槽深和长度尺寸,可以用游标卡尺或钢直尺进行测量,可以从键槽外形判断键的类型,根据测量得到的值结合键槽所在轴段的直径,可以查表确定键槽的标准尺寸及键的类型。轴上的销孔结构常用圆柱销或圆锥销一起使用,起定位或连接作用。测量圆柱销孔时可用游标卡尺进行测量,然后查标准手册确定销的公称直径和长度尺寸。测量圆锥销时,需要量取小端直径,再确定销的公称直径和长度尺寸。

Flash

轴的尺寸测量过程

4)工艺结构的测量

轴上的标准结构一般有退刀槽、倒角、圆角和中心孔等,先用相应的测量工具测量其结构尺寸,再查阅有关工艺结构标准手册表,确定其工艺尺寸。

2.1.4 轴类零件的技术要求

零件的技术要求主要指零件制造、检验或装配过程中应达到的各项要求,如尺寸公差、形位公差、表面粗糙度、热处理和表面处理等。

1. 尺寸公差的选用

一般情况下，根据零件的功能分析可以确定与其他零件有装配关系的零件的尺寸需要标注尺寸公差。实际应用可以参照表 2 - 2，轴上与其他零件有配合要求的轴段的尺寸需要标注尺寸公差，有配合要求的轴的公差等级一般选择 IT5 至 IT9，有相对运动或需要经常拆卸的轴的公差等级选择要高一些，相对静止的轴的公差等级选择要低一些。例如图 2 - 3 所示减速器输出轴中的直径 32 mm 处与从动齿轮需要通过键连接，需要选用间隙配合，所以直径 32 mm 需要尺寸公差与从动齿轮轴孔尺寸公差配合实现间隙配合。

表 2 - 2　直径小于 500 mm 的轴公差等级应用情况（IT5 ~ IT13）

公差等级	适用范围	应用举例
IT5	用于仪表、发动机和机床上特别重要的轴，其加工要求很高，在一般的机械制造中较少应用	航空发动机、航海仪器中特别精密零件；与特别精密的滚动轴承相配合的机床主轴；高精度齿轮的基准轴
IT6	用于机械制造中要求配合性质均匀、使用可靠的重要配合中的轴	与 E 级滚动轴承配合的轴；机床丝杠；矩形花键的定心轴；摇臂钻床立柱等
IT7	广泛应用在机械制造中精度要求较高、较重要的配合中的轴	带轮轴、凸轮轴、发动机中的连杆和活塞等
IT8	应用于机械制造中精度要求不太高的场合	轴承座衬套、IT11、IT12 级齿轮的基准轴等
IT9、IT10	应用于低精度、配合要求不高的场合	轴套外径、操纵杆、单键或花键轴等
IT11、IT13	应用于低精度，基本没有配合要求的场合	没有配合要求的轴、冲压加工的配合件等

2. 形位公差的选用

1）形状公差

轴类零件一般通过滚动轴承支承在轴两端的轴颈上，此轴颈要有形状公差要求，对于轴颈的圆柱面，可以用圆度或圆柱度公差对其形状误差进行控制。对于轴颈处的轴肩，可以用端面圆跳动公差对其形状误差进行控制。根据轴承的精度等级要求，选择形状公差等级一般为 IT6、IT7 级。

轴上一般还有一至两处轴段有键槽结构，这些轴段的圆柱表面有配合要求，因此要对这些轴段的圆柱面的圆度或圆柱度误差进行控制，当这些轴段的轴向尺寸较大时，还必须控制其轴线的直线度误差。另外，这些轴段上的键槽结构要有键槽两侧面的对称度公差要求。

2）位置公差

一般地，轴类零件上有配合要求的圆柱轴段相对于支承轴颈要有同轴的位置精度要求，这样才能保证运转的平稳性，有配合要求的圆柱轴段通常用径向圆跳动公差对其进行精度控制。配合精度要求一般时，径向圆跳动公差值一般为 0.01 ~ 0.03 mm，而配合精度要求高时，径向圆跳动公差值一般为 0.001 ~ 0.005 mm。有配合要求的轴段处的轴肩一般可以给出端面圆跳动公差或相对轴线的垂直度公差要求。

3. 表面粗糙度的确定

轴类零件的表面都是加工面，都会有一定的表面粗糙度要求。一般地，与滚动轴承有配合要求的支承轴颈圆柱面的表面粗糙度常选择 Ra = 0.8 ~ 3.2 μm，其他有配合要求的轴颈圆柱面的表面粗糙度常选择 Ra = 3.2 ~ 6.3 μm，非配合表面的表面粗糙度常选择 Ra = 12.5 ~ 25 μm。

轴套的外圆表面要与相应孔进行配合,其表面粗糙度要求较高,可选择粗糙度为 $Ra=0.8\sim1.6\ \mu m$。

如图 2-3 所示为输出轴零件加工图,图中两处 $\phi30$ 与滚动轴承有配合要求的支承轴颈圆柱面的表面粗糙度常选择 $Ra1.6$,此外 $\phi32$ 处需要与齿轮配合的表面也选择了 $Ra1.6$,$\phi28$ 配合定位的轴套、两处键槽工作侧面和非工作底面 $Ra6.3$,$\phi25$ 处与工作皮带轮处 $Ra3.2$,其余非配合表面选择 $Ra25$。

4. 材料的选择及其热处理方法

采用 45 钢,经正火、调质和表面淬火后,可得到较高的强度、硬度和韧性。

2.1.5 轴类零件的加工工艺分析

综合轴类零件的结构特点、尺寸公差、形位公差和材料的要求,轴类零件的加工工艺一般是以机械加工为主,以图 2-3 所示输出轴零件加工图说明轴类零件加工工艺如下:

1. 车外圆

(1)用三爪自定心卡盘夹紧工件车轴的一端头(如果轴过长可以在端头加工定位中心孔);

(2)车外圆 $\phi36$ mm,长 142 mm;

(3)粗、精车 $\phi30^{+0.021}_{+0.008}$ mm,长 73 mm 圆柱面,并切宽 2 mm 的槽至 $\phi27$ mm;

(4)车 $\phi28$ mm,保证尺寸 15 mm;

(5)粗、精车 $\phi25^{+0.041}_{+0.028}$ mm,34 mm,倒角 1.5 mm×45°;

(6)粗、精车 $\phi32^{+0.018}_{+0.002}$ mm,保证长 $\phi36$ mm 的长度为 $13^{\ 0}_{-0.1}$ mm;

(7)粗、精车 $\phi30^{+0.021}_{+0.008}$ mm,保证 $\phi32^{+0.018}_{+0.002}$ mm 的长度为 25 mm,倒角 1.5 mm×45°;

(8)切断工件,保证工件总长 142 mm。

2. 铣键槽

(1)用工件的 2 处 $\phi30^{+0.021}_{+0.008}$ mm 外圆为基准放在等高的 V 形架上找正并压紧;

(2)用立铣刀铣 $\phi32^{+0.018}_{+0.002}$ mm 处的键槽宽为 $10^{\ 0}_{-0.045}$ mm 深度 $27.5^{\ 0}_{-0.41}$ mm 长 22 mm;

(3)用立铣刀铣 $\phi25^{+0.041}_{+0.028}$ mm 处的键槽宽为 $6^{\ 0}_{-0.04}$ mm 深度 $21.5^{\ 0}_{-0.41}$ mm 长 25 mm。

2.2 盘盖类零件测绘

2.2.1 盘盖类零件的分类和功能分析

1. 盘盖类零件的类型和用途

盘盖类零件在机器设备上使用较多,包括齿轮、轴承端盖、法兰盘,带轮以及手轮等,其主体结构一般由直径不同的回转体组成,径向尺寸比轴向尺寸大,常有退刀槽、凸台凹坑、倒角、圆角、轮齿、轮辐、肋板、螺孔、键槽和作为定位或连接用的孔等。

盘盖类零件主要起支承、连接、传动和密封作用,如手轮、法兰盘、各种端盖等。

2. 盘盖类零件常见工艺结构分析

盘盖类零件多为铸造或锻造件，外形主要是回转体或平板型，还有一些凸台凹坑、退刀槽、键槽、螺孔、密封槽、倒角、轮齿、轮辐、肋板和作为定位或连接用的孔和圆角等结构。

Flash

端盖结构

图 2－7(a)所示为一盘盖类零件，它是由一个回转体和一块平板组合而成的端盖，圆柱体中间沿轴线方向设计成了两头小中间大的阶梯孔，径向方向上靠近平板处加工了一小圆孔；平板的四个角上设计有圆孔和圆角，靠近中下方处是一个弧形缺口。

图 2－7(b)为减速箱传动轴端盖，其上有通孔，故又称透盖，属于轮盘类的典型零件。端盖零件的基本形体为同轴回转体，其轴向尺寸比径向尺寸小。圆柱筒中有铸造形成的圆柱槽和圆角结构，还带有梯形密封槽，用以安装毛毡密封圈，防止箱体内润滑油外泄和箱外杂物侵入箱体内。

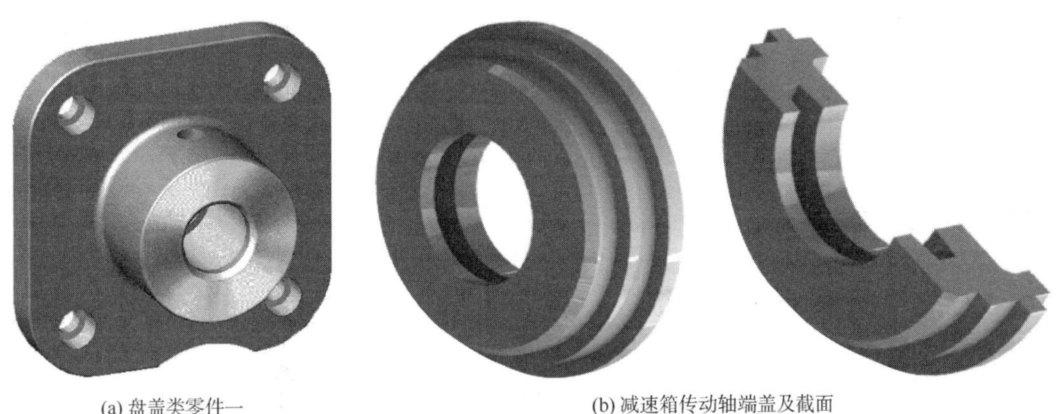

(a) 盘盖类零件一　　(b) 减速箱传动轴端盖及截面

图 2－7　常见盘盖类零件

2.2.2　盘盖类零件的视图表达

盘盖类零件画主视图时，主要考虑其加工位置，将回转体轴线水平放置，同时为了表达中间各种回转轴向孔槽结构，主视图多采用剖视图来表达。如果外形较复杂，一般选择左视图或右视图补充表达。减速箱传动轴端盖结构较简单，采用一个主视图表达，如图 2－8 所示。

2.2.3　盘盖类零件的测量与尺寸标注

1. 盘盖类零件的尺寸标注

盘盖类零件的基本外形与轴类零件相似，是一种以回转体为主的零件，所以其尺寸标注与轴类零件类似。其尺寸因为宽高尺寸相同，故回转轴线为高宽方向的尺寸基准，而其长度方向的基准通常以较大的加工平面为准。这里以 2－7(b)减速箱传动轴端盖为例说明盘盖类零件的尺寸标注。

减速箱传动轴端盖基本外形也是以回转体为主，所以选择回转轴线为高宽方向的尺寸基准，而其长度方向的基准选择右端面。各部分尺寸标注如图 2－9 所示。

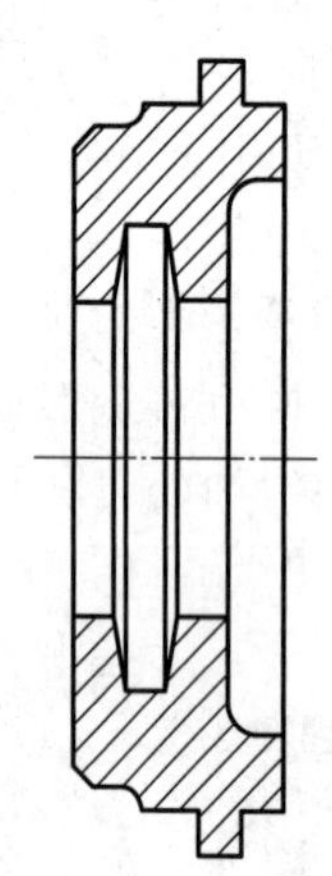
图 2-8 端盖主视图

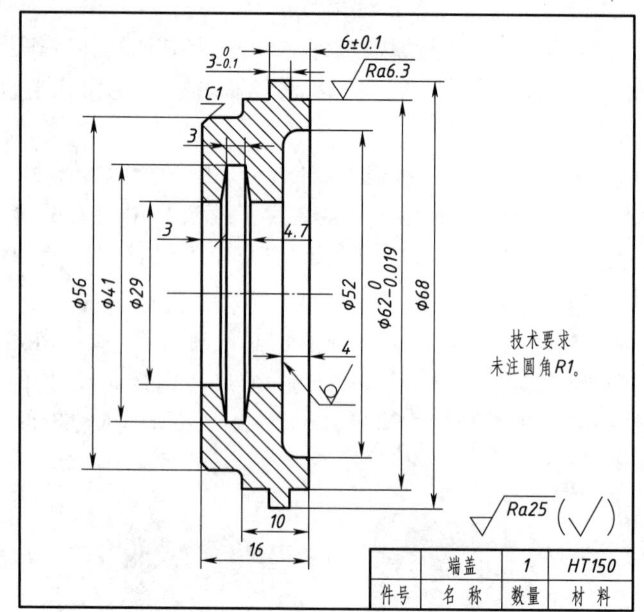

图 2-9 端盖零件图

2. 盘盖类零件的测量

一般在测量前需要先做端盖需测量尺寸编号图如图 2-10 所示和测量尺寸分析表如表 2-3 所示，详细分析每个测绘方案。

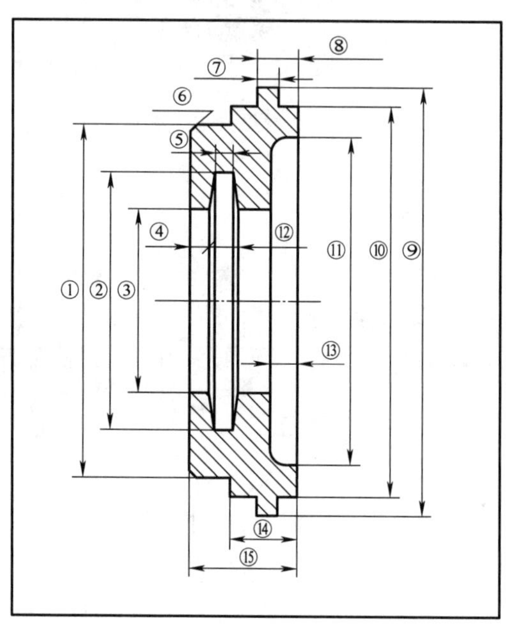

图 2-10 端盖需测量尺寸编号图

表 2-3　端盖测量尺寸分析表

尺寸编号	尺寸类型	测量工具	测量方法	测量结果	圆整后标注	配合关系
①	定形尺寸	游标卡尺	外卡		$\phi56$	
②	定形尺寸	游标卡尺	内卡		$\phi41$	
③	定形尺寸	游标卡尺	内卡		$\phi29$	
④	定位尺寸	游标卡尺	深度尺		3	
⑤	定形尺寸	游标卡尺	内卡		3	
⑥	定位尺寸	根据轴径查表确定			C1.5	
⑦	定形尺寸	游标卡尺	外卡		3	有
⑧	定形尺寸	游标卡尺和钢直尺配合定位	外卡		6	有
⑨	定形尺寸	游标卡尺	外卡		$\phi68$	
⑩	定形尺寸	游标卡尺	外卡		$\phi62$	有
⑪	定形尺寸	游标卡尺	内卡		$\phi52$	
⑫	定形尺寸	游标卡尺	深度尺		4.7	
⑬	定形尺寸	游标卡尺	深度尺		4	
⑭	定形尺寸	游标卡尺	外卡		10	
⑮	定形尺寸	游标卡尺	外卡		16	

2.2.4　盘盖类零件的技术要求

Flash

端盖的尺寸测量过程

1. 尺寸公差的选择

有配合要求的孔需要标注尺寸公差，公差大小的选择可以参考其他零件上标注的重要孔的公差值。一般地，按照配合要求选择公差带代号中的基本偏差代号，重要孔的基本偏差代号一般选择“H”，公差等级一般为 IT6 ~ IT9 级，具体的公差等级大小可根据实际情况进行合理选择。

如图 2-10 端盖零件图所示，端盖的 $\phi62_{-0.019}^{\ 0}$ mm、$3_{-0.1}^{\ 0}$ mm 和（6 ±0.1）mm 三处与减速箱体上的槽有配合要求。

2. 形位公差的选择

零件重要的有配合要求的孔应有圆度或径向圆跳动公差，与其他零件进行接触的表面应有平面度、垂直度和端面圆跳动公差要求，公差等级一般为 IT7 ~ IT9 级，通过查标准手册可以确定具体的形位公差值大小，其他表面一般不需要形位公差要求。

3. 表面粗糙度的确定

对于需要进行切削加工的表面，其表面粗糙度的选择对零件表面质量的影响很大，所以需要认真根据零件表面的实际要求进行合理选择。一般地，有相对运动的圆孔表面精度要求较高，表面粗糙度选择较小的值，如 $Ra0.8$ 或 $Ra1.6$，相对静止的表面其粗糙度可以选择 $Ra3.2$ 或 $Ra6.3$，自由表面的粗糙度值可以选择 $Ra6.3$ 或 $Ra12.5$。

对于非加工表面，一般指那些铸造或锻造加工后形成的毛坯面，不需要在每个表面上进行表面粗糙度的标注，只需要用代号统一注写在标题栏附近。

4. 材料的选择及其热处理方法

零件结构较简单，其制造材料选用灰口铸铁，要有较高的强度，可选取 HT150，并进行人工时效处理，以提高大透盖的使用性能。

2.2.5 盘盖类零件的加工工艺分析

综合盘盖零件的结构特点、尺寸公差、形位公差和材料的要求，轴类零件的加工工艺一般是先铸造再机械加工为主，以图 2-9 端盖零件图说明盘盖类零件加工工艺。

1. 铸造

盘盖类零件首先需要端盖铸造毛坯图加工毛坯件，如图 2-11 所示。

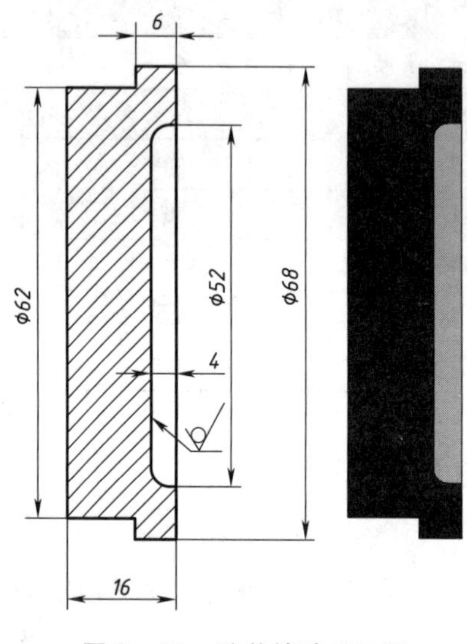

图 2-11 端盖铸造毛坯图

2. 车削

(1)用车床的三爪自定心卡盘夹在端盖的毛坯外圆 $\phi68$ mm 上；

(2)车外圆 $\phi62$ mm 和 $\phi56$ mm 及端面和倒角；

(3)调头，夹 $\phi56$ mm 外圆，车 $\phi68$ mm，车 $\phi62_{-0.019}^{0}$ mm 外圆保证轴向尺寸 $3_{-0.1}^{0}$ mm，再车右端面保证(6 ± 0.1) mm；

(4)车孔 $\phi29$ mm，并用成形刀具切法兰密封梯形槽 3×4.3 深 6，其中深 6 是根据图 2-10 计算得来：$[(\phi41-\phi29)/2]$ mm $=6$ mm。

2.3 叉架类零件的测绘

2.3.1 叉架类零件的分类和功能分析

1. 叉架类零件的类型和用途

叉架类零件常用在变速机构、操纵机构、支承机构和传动机构当中，起到拨动其他零件、连接和支承作用。例如拨叉、连杆、杠杆、摇臂、支架和轴承座等零件。

如图 2－12 所示的是几种常见的叉架类零件。

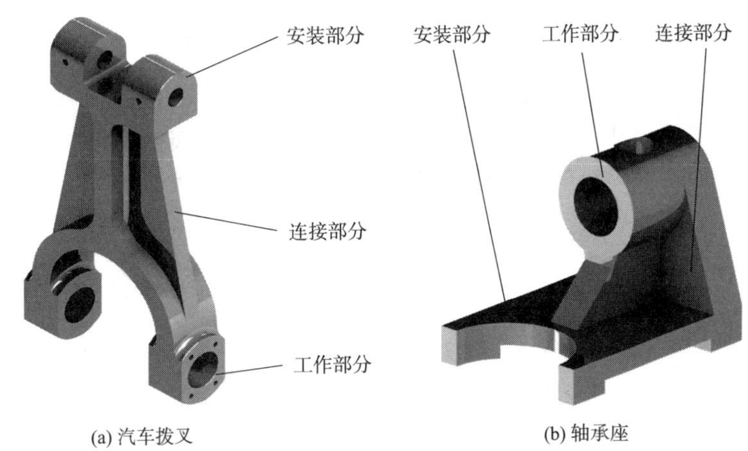

(a) 汽车拨叉　　(b) 轴承座

图 2－12　常见的叉架类零件

2. 叉架类零件常见工艺结构分析

叉架类零件虽然结构形状千差万别，但一般其形状结构按功能可以分为连接部分、工作部分和安装部分。连接部分多为断面有变化的肋板结构，形状弯曲、扭斜的较多；工作部分和安装部分也有较多的细小结构，如槽、油孔和螺孔等。所以其加工工艺复杂，一般需要先铸造出毛坯件，然后综合考虑根据其上的孔槽、安装和工作面的尺寸公差、形位公差和表面粗糙度的要求制订工艺流程。

2.3.2　叉架类零件的视图表达

叉架类零件一般形状结构较复杂，各道工序往往在不同机床上进行，主要加工位置也不太明显，因此主视图一般按照工作位置或安装位置及其形状特征进行综合考虑来确定其投射方向。若工作位置处于倾斜状态，可将其位置放正。一般需要两个以上的基本视图表达。由于叉架类零件倾斜、扭曲的结构较多，还常选择斜视图、局部视图及断面图等表达。

图 2－12(a)所示零件为汽车拨叉，其作用为拨动汽车变速装置实现汽车变速，其安装部分为分离的圆柱筒结构，其上有两个配作销孔；工作部分是一个拨叉结构，其上有均布用于连接的螺纹孔；连接部分是两块肋板组成的十字形连接板。

图 2－12(b)所示零件为轴承座，其作用为支承轴，其工作部分为一个圆柱筒结构，其上有一润滑油孔；安装部分是一个平板底座，其上有一个半圆形槽和一个方槽；连接部分是两块肋板组成 T 形连接板。

这里以图 2－12(a)所示汽车拨叉说明叉架类零件表达方法的选取。

主视图的选择：按照工作位置并考虑尽量多反映主要结构的原则，选择主视图，如图 2－13 所示，并采用两处局部剖视图分别表达工作部分和安装部分的孔槽结构。

其他表达方法的选择：同时还需要选用另一个基本视图(左视图)表达该零件的宽度方向的结构，还有选用 $D-D$ 的移出断面图表达连接部分的断面结构，最后还剩下工作部分的四个螺纹孔的深度不能表达，此类结构的表达可以通过尺寸标注来解决。

2.3.3 叉架类零件的测量与尺寸标注

1. 叉架类零件的尺寸标注

（1）选择尺寸基准：叉架类零件形状结构较复杂，一般选择零件的安装基面、重要的轴线或对称中心面作为主要尺寸基准。零件加工时的工艺基准要根据其实际结构特点去选择，要方便进行测量。叉架零件的长度方向的主要基准是工作部分重要平面或轴线，宽度方向的主要基准选取前后对称中心面，高度方向的基准是工作部分的孔轴线。汽车拨叉的主要设计基准如图 2－14 所示。

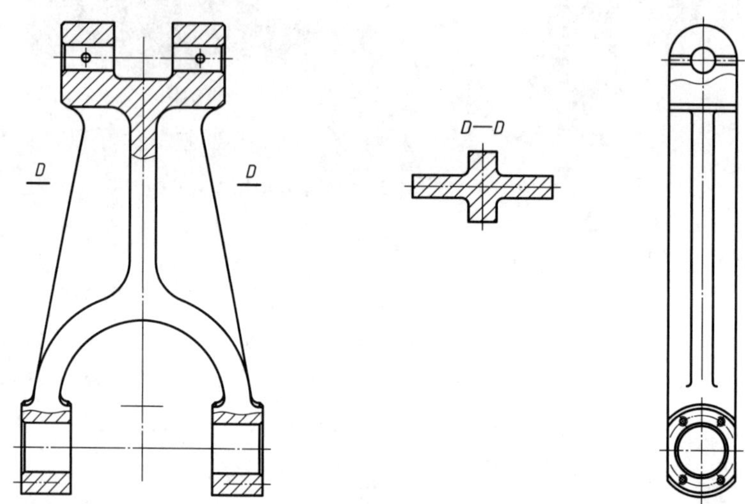

图 2－13　汽车拨叉表达方案

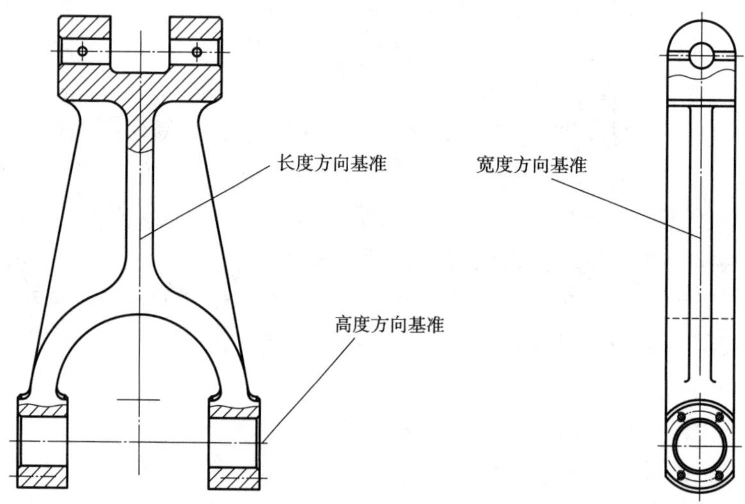

图 2－14　汽车拨叉的尺寸基准分析

(2)各部分尺寸标注:重要的结构用较精密测量工具进行测量,再查标准手册确定其基本尺寸。其他结构用一般的测量工具进行测量,然后进行圆整即可。有配合要求的结构确定其基本尺寸后还需要根据情况选择尺寸公差,一般用类比法确定公差大小。汽车拨叉零件图如图 2 – 15 所示。

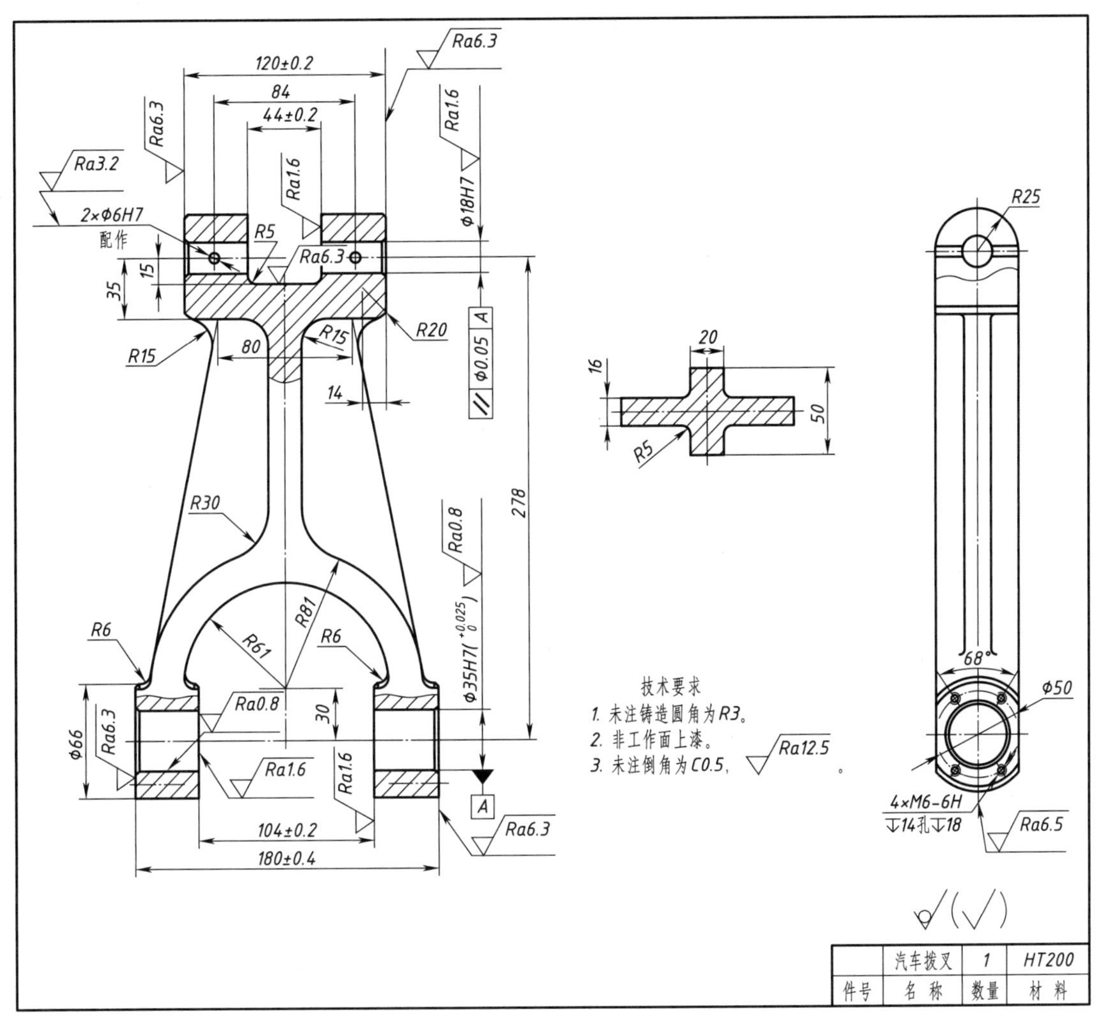

图 2 – 15　汽车拨叉零件图

2. 叉架类零件的测量

叉架零件的安装部分的轴孔是重要的配合结构,需要用游标卡尺或千分尺精确测量,测量后读出的尺寸还要加以圆整,或查阅标准手册表选择一个与之接近的标准尺寸。工作部分需要精确测量孔的定位尺寸,其高度方向的定位尺寸在测量时要注意测量基准的选择。其他不太重要部分的尺寸可以采用简单的方法直接测量。

一般在测量前需要先做需测量尺寸编号图如图 2 – 16 所示和测量尺寸分析表如表 2 – 4 所示,详细分析每个测绘方案。

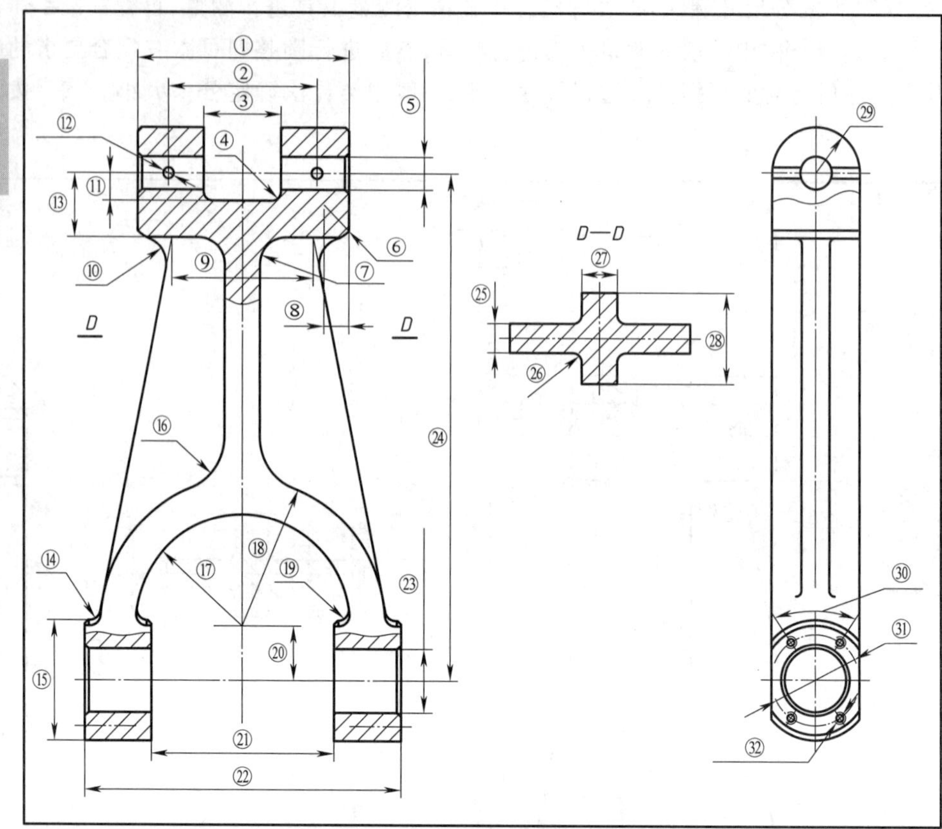

图 2－16　汽车拨叉需测量尺寸编号图

表 2－4　汽车拨叉需测量尺寸分析表

尺寸编号	尺寸类型	测量工具	测量方法	测量结果	圆整后标注	配合关系
①	定形尺寸	游标卡尺或外卡配合钢直尺			120 ±0.2	有
②	定位尺寸	间接测量			84	
③	定形尺寸	游标卡尺	内卡		44 ±0.2	有
④	定形尺寸	圆角规			R5	
⑤	定形尺寸	游标卡尺	内卡		ϕ18H7	有
⑥	定形尺寸	圆角规			R20	
⑦	定形尺寸	圆角规			R15	
⑧	定位尺寸	拓印法	作图法找圆心测量		14	
⑨	定形尺寸	拓印法	作图测量		80	
⑩	定形尺寸	圆角规			R15	
⑪	定位尺寸	游标卡尺测量零件顶面到马蹄形槽底部的深度尺寸 H_1 和零件顶面到尺寸⑤代表孔的上边缘尺寸 H_2	$H_1-H_2-S_{⑤}/2$		15	
⑫	定形尺寸	游标卡尺	内卡		2×ϕ6H7	

续表

尺寸编号	尺寸类型	测量工具	测量方法	测量结果	圆整后标注	配合关系
⑬	定位尺寸	游标卡尺测量零件工作部分总高尺寸 H_3	内卡 $H_3-H_2-S_{⑤}/2$		35	
⑭	定形尺寸	圆角规			R6	
⑮	定形尺寸	游标卡尺	外卡		ϕ66	
⑯	定形尺寸	圆角规			R30	
⑰	定形尺寸	拓印法	作图法找圆心测量		R61	
⑱	定形尺寸	拓印法	作图法找圆心测量		R81	
⑲	定形尺寸	圆角规			R6	
⑳	定位尺寸	游标卡尺测量尺寸⑪的下表面到⑰圆弧的上顶面的距离 H_4、⑪和⑰间接计算	内卡 $L_{㉙}-H_4-S_{⑪}-S_{⑰}$		30	
㉑	定形尺寸	游标卡尺	内卡		104 ±0.2	有
㉒	定形尺寸	游标卡尺	外卡		180 ±0.2	有
㉓	定形尺寸	游标卡尺	内卡		ϕ35H7	有
㉔	定位尺寸	游标卡尺测量零件的总高 H、尺寸㉙和⑮间接计算	$H-S_{㉙}-S_{⑮}/2$		278	
㉕	定形尺寸	游标卡尺	外卡		16	
㉖	定形尺寸	圆角规			R5	
㉗	定形尺寸	游标卡尺	外卡		20	
㉘	定形尺寸	游标卡尺	外卡		50	
㉙	定形尺寸	游标卡尺	外卡		R25	
㉚	定位尺寸	拓印法	作图计算		68	
㉛	定位尺寸	测量后间接计算			ϕ50	
㉜	定形尺寸	测量小径查表确定			M6	

注：S—定形尺寸，L—定位尺寸。

2.3.4　叉架类零件的技术要求

1. 尺寸公差的选择

叉架类零件在选择尺寸公差时要根据实际零件的结构特点采用类比法或其他方法进行选择。叉架类零件的安装部分有配合要求的圆孔要标注尺寸公差，可以根据配合要求选择孔的基本偏差，一般情况下配合基准制是基孔制，其基本偏差代号是“H”，公差等级一般为 IT6 ~ IT8 级。

长度方向的基准面到安装部分和工作部分的距离尺寸需要标注尺寸公差，以保证叉架类零件安装的可靠性，其公差大小可以根据实际情况进行选择，如图 2 - 15 中(104 ±0.2) mm，(180 ±0.4) mm，(120 ±0.2) mm，(44 ±0.2) mm。

2. 形位公差的选择

叉架类零件在选用形位公差时也应根据实际零件的结构特点选择合理的形位公差。汽车拨叉安装部分的圆孔应该有圆度或圆柱度公差要求，工作部分的圆孔轴线相对于高度方向的基准应该有平行度要求。它们的公差精度一般在 IT6 ~ IT9 范围中选择。

3. 表面粗糙度的确定

叉架类零件的形状结构较复杂，一般通过铸造等方法制造其毛坯件，然后对其部分结构进行切削加工，并达到使用要求。叉架类零件安装部分的圆孔表面粗糙度一般为 $Ra = 1.6 \sim 6.3\ \mu m$，工作部分的两个接触面表面粗糙度一般为 $Ra = 0.8 \sim 3.2\ \mu m$，安装部分的螺栓孔表面粗糙度一般为 $Ra = 6.3 \sim 12.5\ \mu m$，其余表面为非加工面。

如图 2 – 15 所示汽车拨叉零件加工图，图中 ϕ18H7 与轴有配合要求的孔的表面粗糙度常选择 *Ra*1.6，此外 ϕ35H7 孔表面选择了 *Ra*0.8，拨叉内表面 *Ra*1.6，拨叉外表面 *Ra*6.3，2 × ϕ6H7 处 *Ra*3.2，其余非配合加工表面选择 *Ra*12.5。

4. 材料的选择及其热处理方法

参照类似零件，其坯料一般是铸（锻）件，此例为铸件故选择材料为 HT150 ~ 200，重要的承受周期性载荷的铸（锻）件需要进行正火、调质、渗碳和表面淬火处理。

2.3.5 叉架类零件的加工工艺分析

1. 铸造

叉架类零件首先需要铸造加工毛坯件，汽车拨叉铸造毛坯图如图 2 – 17 所示。

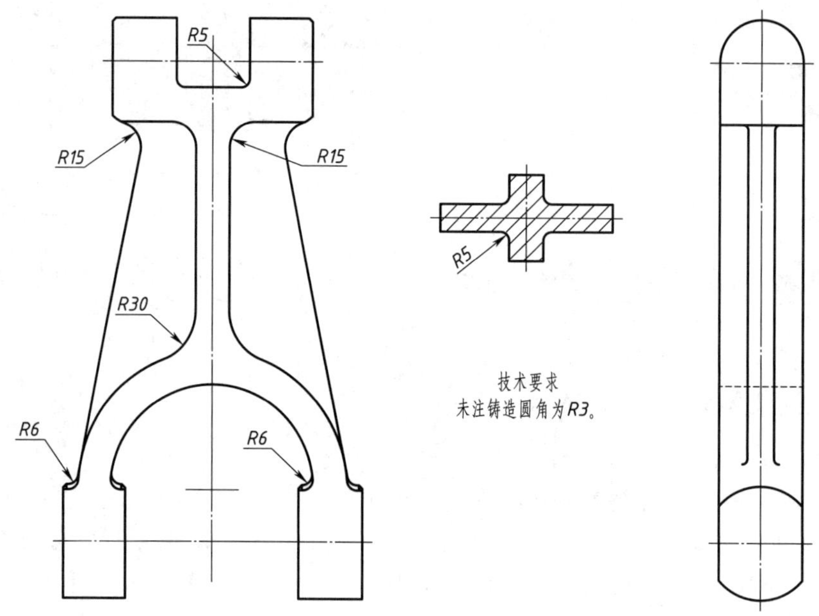

图 2 – 17　汽车拨叉铸造毛坯加工图

2. 铣

(1)将工件平放在工作台上的等高垫上压紧,铣尺寸 φ50 mm 的上平面作为工艺基准面,*Ra*6. 3 μm。

(2)铣(120 ±0. 2) mm 两端面,铣(44 ±0. 2) mm 槽。

(3)铣(180 ±0. 4) mm 两端面,铣(104 ±0. 2) mm 两端面。

3. 镗

(1)工艺面平放在工作台上找正端面。保证加工的孔中心线与端面垂直,压平。

(2)加工 2 × φ35H7 mm 的孔(用 φ35H7 mm 塞规测量)。

(3)向上移动工作台滑板 278 mm,加工 2 × φ18H7 mm 的孔(用 φ18H7 mm 塞规测量)。

4. 钻

按 M6 螺纹孔小径在 φ35H7 mm 的孔两端面钻孔 8 个深 18 mm,然后攻丝的 8 × M6 螺纹孔。

5. 铣

(1)以 φ35H7 mm 孔为圆心,将工件压紧在旋转工作台的中心上,铣削 φ66 mm 的半圆弧面配作。

(2)两处 φ6H7 mm 孔装配时配作。

2.4　箱体类零件测绘

选取典型的箱体类零件,具体举例阐述箱体类零件的测绘过程需要考虑的方面,如分类、功能分析、视图表达、测量方法、尺寸标注、技术要求和加工工艺等。

2.4.1　箱体类零件的分类和功能分析

1. 箱体类零件的类型和用途

箱体类零件的主要作用是连接、支承和封闭包容其他零件,它是机器或部件的基础零件,它将机器或部件中的轴、套、齿轮等有关零件组装成一个整体,使它们之间保持正确的相对位置,并按照一定的传动关系协调地传递运动和动力。所以箱体的加工质量将直接影响机器或部件的精度、性能和寿命。常见的箱体类零件有:机床主轴箱、机床进给箱、变速箱体、减速箱体、齿轮油泵泵体、阀门的阀体、发动机缸体和机座等。

2. 箱体类零件常见工艺结构分析

箱体类零件结构一般比较复杂,常有内腔、轴承孔、凸台或凹坑、肋板、通孔和螺孔等结构。其加工工艺复杂,一般需要先铸造出毛坯件,需要综合考虑各种结构的尺寸公差、形位公差和粗糙度等的要求制订机械加工工艺流程。

2.4.2　箱体类零件的表达

1. 表达分析

通常情况下,箱体类零件的结构都比较复杂,根据结构形式不同,可分为整体式箱体和分离式箱体。整体式箱体是通过整体铸造或整体加工形成的，这类零件的加工难度大，但装配精度高；分离式箱体一般是单独进行生产制造，便于加工和装配，但增加了装配方面的工作量。

箱体的结构形式虽然多种多样，但仍有相同特点，如图 2－18 所示。

Flash

泵体2结构

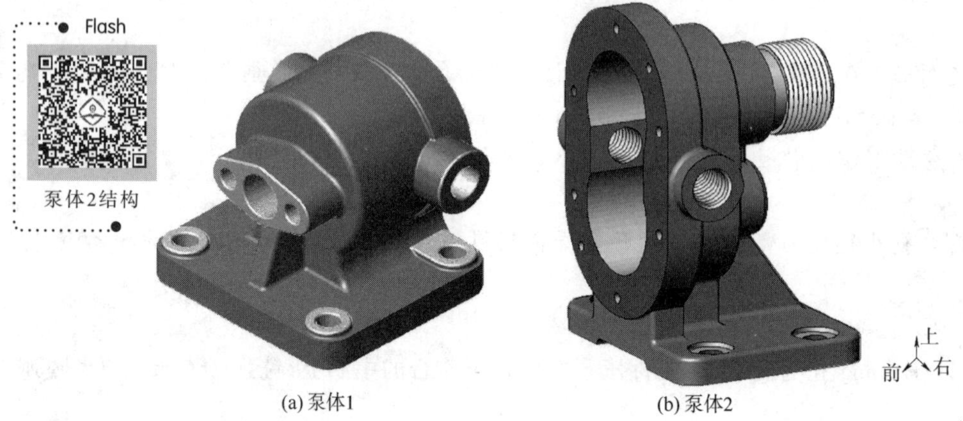

(a) 泵体1　　(b) 泵体2

图 2－18　常见箱壳类零件

（1）这类零件的内腔和外形结构都比较复杂、壁薄且不均匀，内部呈空腔形，加工部位多，加工难度大，既有精度要求较高的支承孔和平面，也有精度要求较低的用于紧固连接的螺栓孔。

（2）这类零件一般有安装底板、轴承孔、凸台、肋板和箱壁等结构，箱壁外轮廓一般有拔模斜度、铸造圆角等铸造工艺结构。

如图 2－18(a)箱体外形由方形底板和圆柱筒组合而成，圆柱筒左右相贯两圆柱，后端面上有均布的螺纹孔，前端有菱形凸台（其上还有 3 个通孔），其内外结构都很复杂。

如图 2－18(b)泵体是齿轮油泵的主要零件，属于箱体类零件，泵体零件在齿轮泵中起着重要的作用，保护内部齿轮轴、安装和固定整个泵身，还与泵盖配合，在内部齿轮高速旋转的作用下，提供油路需要的压力。对于此零件的分析可以看出，它主要由起保护和密封作用的泵身，前后两个进、出油孔，内部用来安装齿轮轴的内腔以及安装、固定齿轮泵的底座组成。

这里以图 2－18(b)所示齿轮油泵泵体说明表达方案的选取，如图 2－19 所示。

主视图的选择：泵体零件属箱壳类零件，结构较复杂，端面上有连接用的螺纹孔和定位用的销孔，底板部分用来固定泵，底座的凹槽是为了减少加工面，底座上有四个固定泵用的安装孔。泵体的主视图按工作位置放置，采用全剖视图表达了其内部孔的深度、肋板结构等。

其他视图的选择：泵体左视图采用局部剖表达泵体空腔形状及与空腔相通的进、出油孔，同时也反映了销孔与螺纹孔的分布以及底座沉孔的形状，重合断面图表达肋板的断面形状。*B－B* 全剖视图表达了泵体安装孔位置以及连接板和肋板的结构位置。

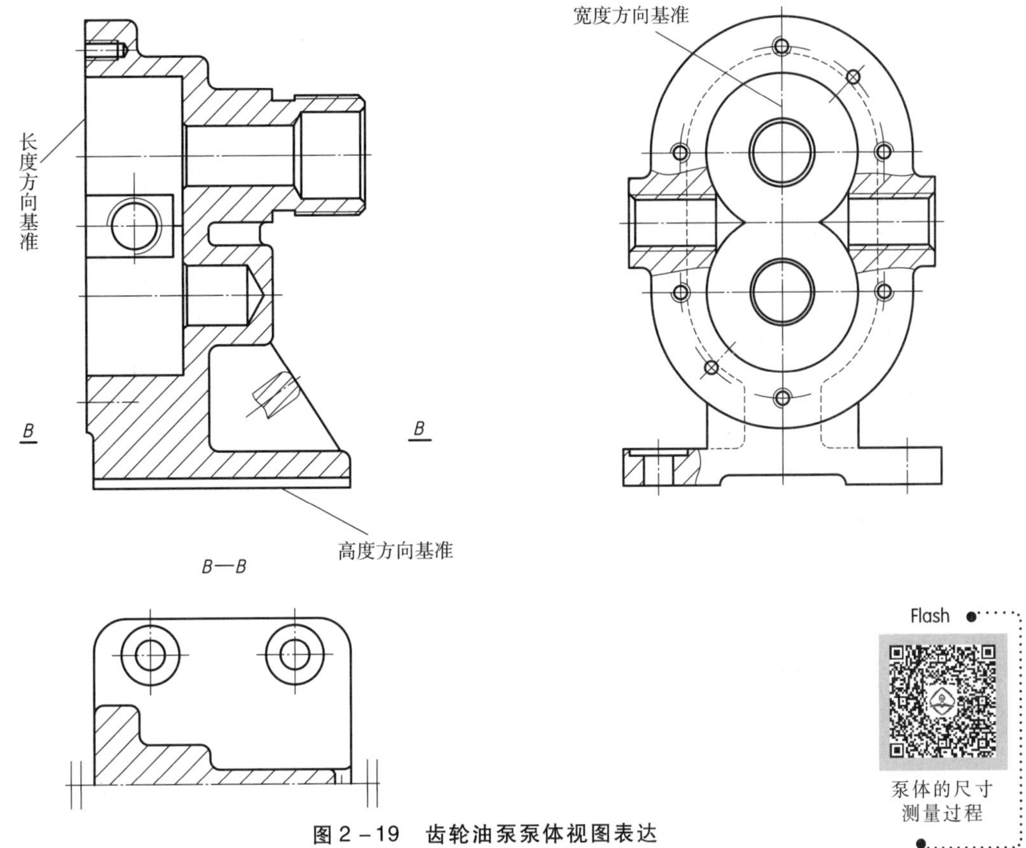

图 2－19　齿轮油泵泵体视图表达

2.4.3　箱体类零件的测量与尺寸标注

1. 箱体类零件的尺寸标注

（1）选择尺寸基准，如图 2－19 所示。泵体左端面为长度方向尺寸主要基准，注出长度方向各部分尺寸；以泵体的前后对称中心线为宽度方向尺寸主要基准，注出前后对称的各部分尺寸；以底面为高度方向尺寸主要基准，直接注出底面到主动齿轮轴孔轴线的定位尺寸，再以进出油孔轴线为辅助基准标注两齿轮孔轴线的距离尺寸，标注泵体尺寸时必须注意，相关联的零件之间的相关尺寸要一致，如泵体上销孔的定位尺寸与泵盖上销孔的定位尺寸注法应完全一致，以保证装配精度。泵体和泵盖上的销孔要装配调试后同时加工，在零件图中要加以说明。

（2）各部分尺寸标注，如图 2－20 所示。箱体类零件的测量方法应根据各部位的形状和精度要求来选择，对于一般要求的线性尺寸可直接用钢直尺或游标卡尺度量，如泵体的总长，总高和总宽等外形尺寸。泵体上孔的深度可以用游标深度尺测量。对于有配合要求的孔径，要用游标卡尺或千分尺精确度量，以保证尺寸的准确、可靠。工艺结构、标准件等测出尺寸后还要查表确定其标准尺寸。不能直接测量的尺寸，可利用其他工具间接测量。测量不到的尺寸可采用类比法参照同类型的零件尺寸选用。

箱体类零件各部分的定形尺寸一般直接进行标注，如底板的长宽高、内腔的孔径和深度、螺栓孔的直径等等。

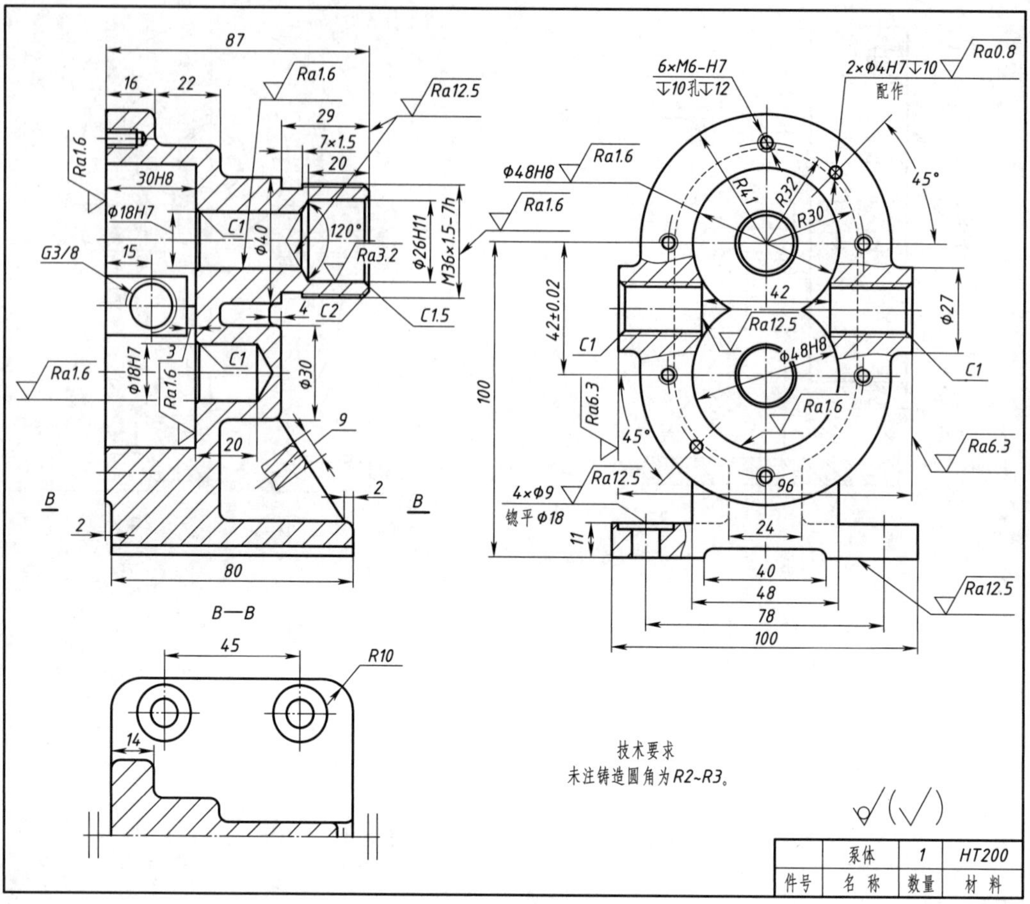

图 2－20　泵体零件工作图

箱体类零件各部分的定位尺寸及影响机器或部件工作性能的尺寸要从基准出发直接进行标注。

箱体类零件的工艺结构如螺纹、退刀槽、砂轮越程槽、倒角和倒圆等要按标准手册的要求进行尺寸标注。

箱体零件的铸造圆角半径大小要与箱体的相邻接的壁厚及铸造工艺方法相适应，铸造圆角半径与铸件壁厚的关系表如表 2－5 所示。

表 2－5　铸造圆角半径 R 与铸件壁厚的关系表　　单位：mm

$\frac{a+b}{2}$	≤8	9～12	13～16	17～20	21～27	28～35	36～45	46～60
铸铁 R	4	6	6	8	10	12	16	20
铸钢 R	6	6	8	10	12	16	20	25

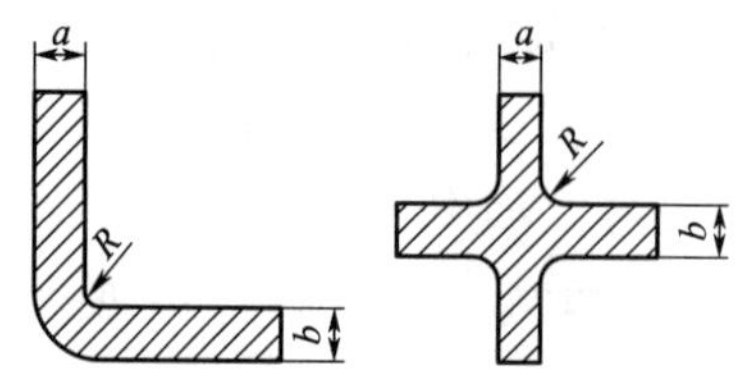

2. 箱体类零件的测量

一般在测量前应先做泵体需测量尺寸编号图，如图 2－21 所示和泵体测量尺寸分析表如表 2－6 所示。

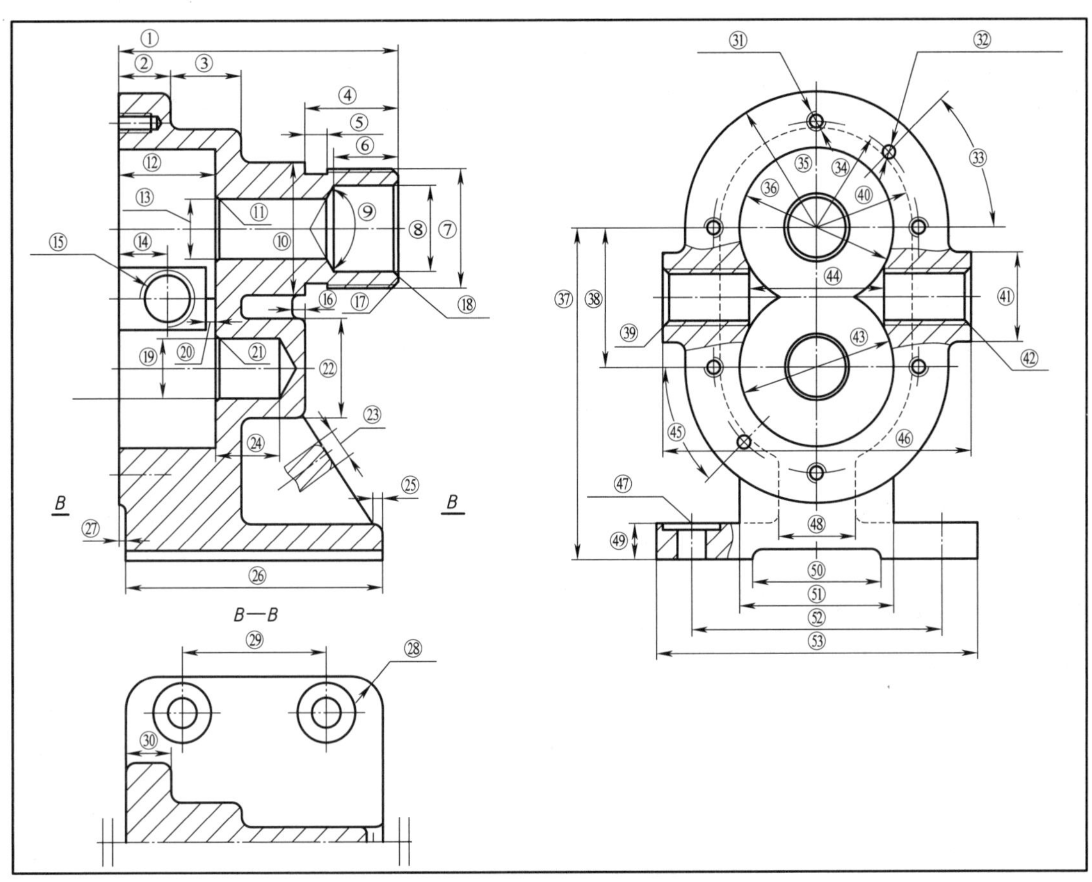

图 2－21　泵体需测量尺寸编号图

表 2－6　泵体测量尺寸分析表

尺寸编号	尺寸类型	测量工具	测量方法	测量结果	圆整后标注	配合关系
①	定形尺寸	游标卡尺或外卡配合钢直尺	外卡		87	
②	定形尺寸	游标卡尺或外卡配合钢直尺	外卡		16	
③	定形尺寸	游标卡尺	深度尺		22	
④	定形尺寸	游标卡尺	深度尺		29	
⑤	定形尺寸	游标卡尺	内卡＋深度尺		7×1.5	
⑥	定形尺寸	游标卡尺	深度尺		20	
⑦	定形尺寸	游标卡尺＋螺纹规	外卡测量直径查表确定		M36×1.5－7 h	
⑧	定形尺寸	游标卡尺	内卡		ϕ26H11	有
⑨	定形尺寸	钻孔底角	工艺确定		120°	

续表

尺寸编号	尺寸类型	测量工具	测量方法	测量结果	圆整后标注	配合关系
⑩	定形尺寸	游标卡尺	外卡		ϕ40	
⑪	定形尺寸	根据孔径查表确定	工艺倒角		C1	
⑫	定形尺寸	游标卡尺	深度尺		30H8	有
⑬	定形尺寸	内卡配合钢直尺			ϕ18H7	有
⑭	定位尺寸	左端面到 G3/8 边缘的尺寸 H_1	$H_1 - S_{⑮}/2$		15	
⑮	定形尺寸	根据孔径查表确定			G3/8	
⑯	定形尺寸	游标卡尺	深度尺		4	
⑰	定形尺寸	根据孔径查表确定	工艺倒角		C2	
⑱	定形尺寸	根据孔径查表确定	工艺倒角		C1.5	
⑲	定形尺寸	内卡配合钢直尺			ϕ18H7	有
⑳	定形尺寸	游标卡尺	深度尺		3	
㉑	定形尺寸	根据孔径查表确定	工艺倒角		C1	
㉒	定形尺寸	游标卡尺	外卡		ϕ30	
㉓	定形尺寸	游标卡尺	外卡		9	
㉔	定形尺寸	游标卡尺	深度尺		20	
㉕	定形尺寸	游标卡尺	深度尺		2	
㉖	定形尺寸	游标卡尺或钢直尺	外卡		80	
㉗	定形尺寸	游标卡尺	深度尺		2	
㉘	定形尺寸	圆角规			R10	
㉙	定位尺寸	间接测量			45	
㉚	定形尺寸	游标卡尺或钢直尺	外卡		14	
㉛	定形尺寸	游标卡尺测绘螺孔小径后查表确定 M6	内卡、深度尺		M6－H7 ↧10 孔 ↧12	有
㉜	定形尺寸	游标卡尺测绘后查表确定			ϕ4H7 ↧10	有
㉝	定位尺寸	拓印法	作图确定		45°	
㉞	定位尺寸	拓印法	作图确定		R32	
㉟	定形尺寸	游标卡尺	外卡		R41	
㊱	定形尺寸	游标卡尺	内卡		ϕ48H8	有
㊲	定位尺寸	间接测量			100	
㊳	定位尺寸	间接测量			42 ±0.02	有
㊴	定形尺寸	根据孔径查表确定	工艺倒角		C1	
㊵	定形尺寸	游标卡尺	外卡		R30	
㊶	定形尺寸	游标卡尺	外卡		ϕ27	
㊷	定形尺寸	根据孔径查表确定	工艺倒角		C1	
㊸	定形尺寸	游标卡尺	内卡		ϕ48H8	有
㊹	定形尺寸	游标卡尺	内卡		42	

续表

尺寸编号	尺寸类型	测量工具	测量方法	测量结果	圆整后标注	配合关系
㊺	定位尺寸	拓印法	作图确定		45°	
㊻	定形尺寸	游标卡尺	外卡		96	
㊼	定形尺寸	游标卡尺	内卡	查表	ϕ9 锪平 ϕ18	
㊽	定形尺寸	游标卡尺	外卡		24	
㊾	定形尺寸	游标卡尺	外卡		11	
㊿	定形尺寸	游标卡尺	内卡		40	
51	定形尺寸	游标卡尺	外卡		48	
52	定位尺寸	间接测量			78	
53	定形尺寸	游标卡尺	外卡		100	

注:尺寸类型分为 *S*—定形尺寸,*L*—定位尺寸。

2.4.4　箱体类零件的技术要求

1. 尺寸公差的选择

箱体类零件会跟许多零件有装配关系,所以在其中有许多孔槽都有公差要求,一般都是选择基孔制,基本偏差代号大多为 H,公差等级一般为 IT6 ~ IT8 级,精度要求高的为 IT3 ~ IT5 级,精度要求不高的为 IT9 ~ IT11 级。泵体的尺寸公差选择如图 2 - 20 所示。

2. 形位公差的选择

为了保证两齿轮正确的啮合,泵体上两齿轮孔轴线应有平行度要求,且它们均与结合面有垂直度要求;结合面对安装面应有垂直度要求;孔的圆度、圆柱度也直接影响齿轮的旋转精度,但该齿轮泵属于一般齿轮泵,其要求包含在国家标准的未注形位公差数值内,所以在泵体零件图中不需要专门提出。

3. 表面粗糙度的确定

泵体端面、泵体容纳齿轮轴的轴孔和内腔的表面粗糙度要求较高,其表面粗糙度可选取 *Ra*1.6,各主要加工表面可选用 *Ra*3.2 或 *Ra*1.6,其余加工表面选用 *Ra*6.3,不加工的表面为毛坯面。

4. 材料的选择及其热处理方法

泵体是铸件,一般选用中等强度的灰铸铁 HT200。为了保证泵体加工表面的质量,铸件不得有缩孔等缺陷;泵体为铸铁件,其毛坯应进行时效处理。

2.4.5　箱体类零件的加工工艺分析

1. 铸造

箱体类零件通常需要先铸造毛坯件,泵体铸造毛坯图如图 2 - 22 所示。

2. 铣

底面朝上,平口虎钳夹紧,铣底面,作为高度基准。

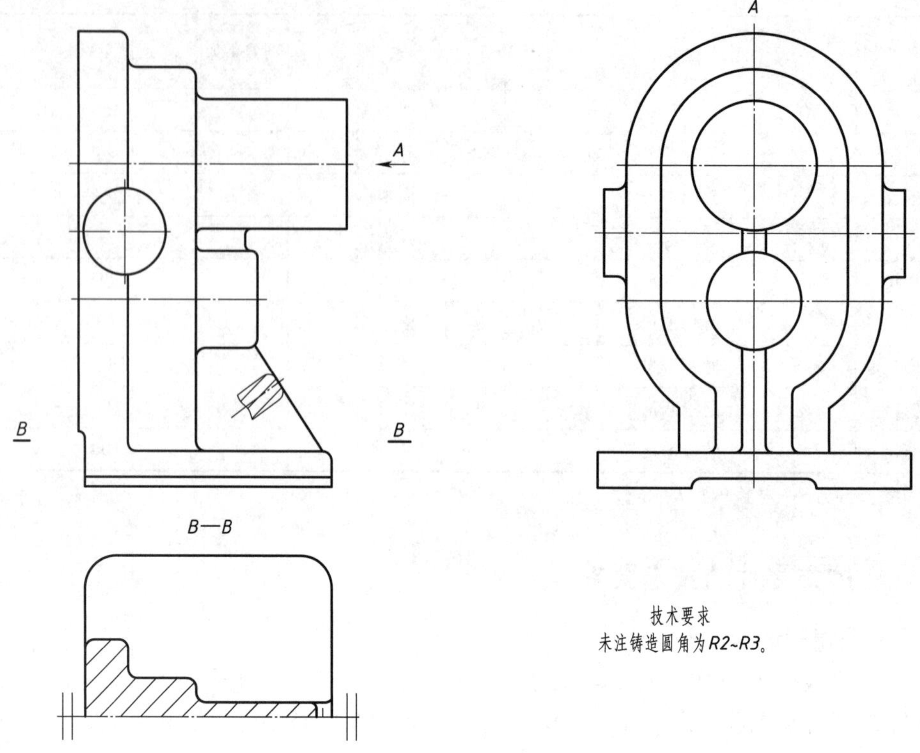

图 2－22　泵体铸造毛坯图

3. 镗

(1)底面坐平在工作台上,压牢。

(2)先加工离底面高 100 mm 的 ϕ48H8 mm 孔:先用 ϕ16 mm 的钻头将孔从左面钻通,再精加工外面的 ϕ48H8 mm 的孔,注意深度尺寸 30 mm 加上端面毛坯余量;将已钻好的 ϕ16H7 mm 的孔精加工为 ϕ18H8 mm 通孔。

(3)床头箱垂直下降 42 mm,保证精度 ±0.02 mm。

(4)先加工 ϕ18H8 mm 孔,深度为 50 mm 加上端面毛坯余量,再将外面扩大为 ϕ48H8 mm,孔底面与上面的 ϕ48H8 mm 孔端面平。

(5)加工 2 × ϕ48H8 mm 孔的端面,保证孔深 30H8 mm。

(6)用铣刀加工 2 × ϕ48H8 mm 孔的相交处的槽宽 42 mm,深为离孔底 3 mm。

(7)将工件平转 180°,找正上边的 ϕ18H8 mm 孔的中心线平行度和同轴度;然后将 ϕ18H8 mm 孔扩大为 ϕ26H11 mm,孔底锥度 120°,深 20 mm(注意端面加工余量);并刮端面,保证尺寸 87 mm。

(8)加工 7 mm × 1.5 mm 的螺纹退刀槽,再加工外螺纹 M36 × 1.5 mm。

4. 钻

(1)将工件固定在角块上。

(2)在底板上钻 4 × ϕ9 mm 孔并锪平 ϕ18 mm。

(3)钻并攻丝 6 × M6 mm 的螺纹孔,钻孔深 12 mm,螺纹深 10 mm。

(4)先加工一面的 G3/8 管螺纹(查表得钻底孔为 ϕ14.9 mm,刮平端面,再攻丝螺纹)。

(5)翻面用同样的方法加工另一端的 G3/8 管螺纹,保证两端面尺寸 96 mm。

5. 配作

装配时配作 2 个 ϕ4H7 mm 深 10 mm 的销孔。

2.5　虚拟现实技术简介

虚拟现实,顾名思义,就是虚拟和现实相互结合。从理论上来讲,虚拟现实技术(Virtual Reality,VR)是一种可以创建和体验虚拟世界的计算机仿真系统,它利用计算机生成一种模拟环境,使用户沉浸到该环境中。虚拟现实技术就是利用现实生活中的数据,通过计算机技术产生的电子信号,将其与各种输出设备结合使其转化为能够让人们感受到的现象,这些现象可以是现实中真真切切的物体,也可以是我们肉眼所看不到的物质,通过三维模型表现出来。

2.5.1　虚拟现实技术概述

虚拟现实一词最初是在 20 世纪 80 年代初提出来的,它是一门建立在计算机图形学、计算机仿真技术学、传感技术学等技术基础上的交叉学科。直白地说,虚拟现实技术就是一种仿真技术,也是一门极具挑战性的时尚前沿交叉学科,它通过计算机,将计算机仿真技术与计算机图形学、人机接口技术、传感技术、多媒体技术相结合,生成一种虚拟的情境,这种虚拟的、融合多源信息的三维立体动态情境,能够让人们沉浸其中,就像经历真实的世界一样。对大多数人有很多很难实现的梦想,例如逃离密室、在沙漠中旅行、潜入海底、飞上月球等,利用虚拟现实技术能够帮助人们感知世界上的一切,可以让人们置身于任何场景中,就像亲身经历一般。

虚拟现实设备可以为用户提供一个完全虚拟却又十分逼真的情境,如果再配合动作传感器,就能够从视觉、听觉以及触感上为用户营造一个让人完全沉浸的空间,让人类的大脑感觉到自己就处在这样的世界里。Oculus Rift、HTC Vive 等设备都属于虚拟现实设备,如图 2－23 所示,HTC Vive 通过一个头戴式显示器、两个单手持控制器和一个能于空间内同时追踪显示器与控制器的定位系统给使用者提供沉浸式体验。

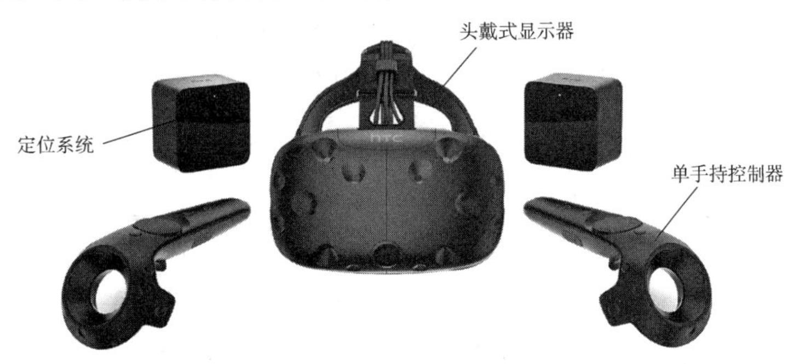

图 2－23　HTC Vive 设备图

增强现实(Augmented Reality, AR)是虚拟现实的一个分支,它主要是指把真实环境和虚拟环境叠加在一起,然后营造出一种现实与虚拟相结合的三维情境。增强现实技术是一种将真实世界的信息和虚拟世界的信息进行"无缝"链接的新技术,通过计算机等技术,将现实世界的一些信息通过模拟后进行叠加,然后呈现到真实世界的一种技术,这种技术使得虚拟信息和真实环境共同存在,大大增强了人们的感官体验。

增强现实和虚拟现实类似,也需要通过一部可穿戴设备来实现情境的生成,比如谷歌眼镜或爱普生 Moverio 系列的智能眼镜,都能实现将虚拟信息叠加到真实场景中,从而实现对现实增强的功能。和虚拟现实相比,增强现实的工作方式是在真实世界当中叠加虚拟信息,同时增强现实技术包含了多种技术和手段:多媒体技术、三维建模技术、实时视频显示及控制技术、多传感器融合技术、实时跟踪技术、场景融合技术。就实用性来说,增强现实技术比虚拟现实技术的实用性更强,增强现实技术是真实环境和虚拟环境信息的叠加,是在三维空间的基础上叠加定位跟踪虚拟物体的,具有实时交互性。同时,增强现实可广泛应用到军事、医疗、建筑、教育、工程、影视和娱乐等领域。

2.5.2　虚拟现实技术的特点

虚拟现实技术的立体性和逼真性,让人一戴上交互设备就如同身临其境,仿佛与虚拟环境融为一体了,最理想的虚拟情境是让人分辨不出环境的真假;虚拟现实是人与机器之间的自然交互,人通过鼠标、键盘或者传感设备感知虚拟情境中的一切事物,而虚拟现实系统能够根据使用者的五官感受及运动,来调整呈现出来的图像和声音,这种调整是实时的、同步的,使用者可以根据自身的需求、自然技能和感官,对虚拟环境中的事物进行操作。

虚拟现实中的虚拟环境并非是真实存在的,它是人为设计创造出来的,但同时虚拟环境中的物体又是依据现实世界的物理运动定律而运动的;在虚拟现实系统中,通常装有各种传感设备,比如视觉、听觉、触觉上的传感设备,这些设备让虚拟现实系统具备了多感知功能,同时也让使用者在虚拟环境中获得多种感知,仿佛身临其境一般。

2.5.3　虚拟现实系统的分类

按照功能和实现方式的不同,可以将虚拟现实系统分成四类:可穿戴式虚拟现实系统、桌面式虚拟现实系统、增强式虚拟现实系统和分布式虚拟现实系统。

可穿戴式虚拟现实系统又被称为"可沉浸式虚拟现实系统",人们通过头盔式的显示器等设备,进入一个虚拟的、创新的空间环境中,然后通过各类跟踪器传感器、数据手套等传感设备,参与到这个虚拟的空间环境中。可穿戴式虚拟现实系统的优点是让使用者完全沉浸在虚拟环境中,缺点是硬件设备的价格相对较高,难以普及。

桌面式虚拟现实系统主要是利用计算机或初级工作站进行虚拟现实工作,它的要求是让参与者通过诸如追踪球、力矩球、3D 控制器、立体眼镜(图 2－24)等外部设备,在计算机窗口上观察并操纵虚拟环境中的事物。桌面式虚拟现实系统的优点是结构简单、价格低廉、易于普及和推广,缺点是使用者易受环境干扰,缺乏沉浸体验。

增强式虚拟现实系统其实就是 2.5.1 节提到的增强现实技术,增强式虚拟现实系统大大增强了人们的感官体验。

图 2－24　立体眼镜

分布式虚拟现实系统又称共享式虚拟现实系统，它是一种基于网络连接的虚拟现实系统，它是将不同的用户通过网络连接起来，共同参与、操作同一个虚拟世界中的活动。例如，异地的医学生可以通过网络对虚拟手术室中的病人进行外科手术，不同的游戏玩家可以在同一个虚拟游戏中进行交流等。

虚拟现实技术作为一门科学技术会越来越成熟，并且在各行各业会得到越来越广泛的应用，技术人员可以通过搭建虚拟场景，实现在娱乐游戏、旅游、房地产、城市规划、医疗健康如医学练习、军事航天、能源仿真、工业生产领域、科研教学等诸多领域的创新应用。医疗健康方面，如医学培训练习、康复训练、心理治疗等；旅游方面，如虚拟导游系统、古文物建筑复原系统等；房地产方面，如房产开发、虚拟售房、室内设计等；能源仿真方面，如煤矿生产仿真系统、石油钻采过程、电力水利仿真等；工业生产方面，如汽车船舶等机器数字化虚拟仿真系统、虚拟实验、虚拟培训等。

虚拟现实也面临了一些问题需要解决，如会给使用者带来晕眩感，虚拟现实设备价位偏高再搭配高端电脑价格会更加高昂，相关技术的局限性等。

2.5.4　虚拟现实系统的建模软件

若想提供一个逼真的虚拟环境，就必须构造足够逼真的模型和虚拟场景。倘若模型足够逼真，场景足够细化，会造成系统的存储量过大，将会对虚拟系统的正常运行产生威胁。所以，在创建模型和场景时，在达到一定的质量情况下使模型数据内存量越小越好。

设计一个虚拟现实应用系统，首先考虑的问题是构造虚拟环境。虚拟环境一般包含三维模型、声音和文字等素材。虚拟现实应用系统主要通过视觉去感受虚拟环境的变化，通过视觉吸收的信息量也会最多，因此构造一个逼真而又大小合适的模型，并且能够实时表现虚拟交互动态的显示是很有必要的。

虚拟现实涉及到了常用建模软件如 3d Max、AutoCAD、Solidworks、CATIA、UG、Pro/E 等，3d Max 是基于建模、渲染和创作三维动画的软件，在工业仿真、影视剧制作、游戏开发、三维建筑、多媒体应用及教学演示等诸多行业都广泛应用。它在国内外的市场占有率很高，因其渲染效果很强，所以动画制作的主要软件都选它。在国内的三维建筑效果展示、二维建筑效果展示和相关建筑动画制作中，3d Max 占据了很大的市场。它在现代产品设计建模和优化方面，因其拥有出色的建模手段和形象的渲染效果引起人们广泛的关注。

2.5.5　虚拟现实技术开发的软件平台

虚拟现实需要将建模软件获得的模型进行组织展示，并实现交互等功能，这些功能就不是建模软件能实现的，需要专门的虚拟现实系统开发工具软件，如 Virtools、Vega Prime、Unity 3D 等。

Unity 3D 是由丹麦 Unity 公司研发的游戏开发工具，但同时可以应用到虚拟现实系统的开发。Unity 3D 支持包括 IOS，ANDROID，PC，WEB，PS3. XBOX 等多个平台的发布。Unity 3D 自身拥有全能的编辑器和着色器，可实现跨平台发布、地形编辑、版本控制等便捷功能，具备一次开发、高度整合且可扩展的编辑器，通用性强。Unity 3D 支持目前所有主流 3D 动画创作软件，内置 NVIDIA 的 Phys X 物理引擎、内置烘焙工具 Beast、具有功能强大而灵活的 Mecanim 动画系统、联网支持等众多特性。

Unity 3D 的开发语言有 C#、Java Script 和 Boo，当下 C#语言是 Unity 3D 的主流编程语言。Unity 3D 支持各种交互设备，例如 3D 眼镜、数据头盔（HTC VIVE）、CAVE 投影系统、3D 电视等，通过这些交互设备，可以让人获得更加逼真、生动的虚拟互动体验效果。

2.5.6 基于虚拟现实技术的齿轮油泵虚拟测绘系统

齿轮油泵的虚拟测绘系统从总体结构上主要分为三大模块：演示模块，包括零件结构演示、零件测量演示、拆卸过程演示、和装配演示；练习模块，包括零件测量、部件拆卸和装配练习；考核模块，包括零件测量考核、拆卸过程考核和装配过程考核。此外还包含系统简介和系统帮助两个辅助功能性模块。每个模块中又有一些相对应的子模块。

1. 演示模块

演示模块主要功能是演示齿轮油泵的主要零件组成、零部件结构、如何测量尺寸、系统整体介绍、齿轮油泵的拆卸和装配过程。拆卸过程和装配过程是按照设定好的工序，以动画的形式展现出来，让学习人员能够深刻地学习拆解和组装过程。

2. 练习模块

练习模块是测绘齿轮油泵进行互动式练习的主要模块之一，操作者在这一模块主要通过演示模块学习后，在虚拟环境下，利用虚拟交互设备完成齿轮油泵的拆卸和装配以及零件的测量。该模块是操作者掌握齿轮油泵工作原理、装配关系和测量零件方法的关键环节。虚拟装配和安装过程中，操作者通过交互设备选择零件并拖动零件到安装或者拆卸位置，可以根据提示控制零部件的路径，把零部件移动到正确的安装位置，则完成该零件的装配。如初学者没有完全掌握如何正确装配，可以利用演示模块，了解测绘齿轮油泵正确的装配路径。

3. 考核模块

考核模块是考核操作者掌握测绘齿轮油泵技能的情况，要求操作者通过演示和练习模块的学习，具备了在规定时间内完成测量零件或齿轮油泵的拆卸和装配能力。

第 3 章 常用件和标准件的测绘

3.1 直齿圆柱齿轮的测绘

齿轮是常用的传动零件，国标已将其部分重要参数标准化，称常用件。本节仅介绍标准直齿圆柱齿轮的测绘方法。图 3－1 所示的是一种渐开线直齿圆柱齿轮。

图 3－1 渐开线直齿圆柱齿轮

1. 确定主要参数及尺寸

齿轮的尺寸通过测量和计算得到，常使用的量具有游标卡尺、千分尺和公法线千分尺等。直齿圆柱齿轮齿数可直接数出，对于扇形齿轮，圆周上只有一部分轮齿，求其总齿数需查阅相关公式进行计算；齿宽可用游标卡尺测出；除轮齿外，其余部分与一般零件的测绘法相同。

1）模数

常用两种方法确定齿轮的模数。

（1）用测量齿轮公法线长度求模数。可先按式（3－1）计算跨齿数，计算出的跨齿数应四舍五入取整数，再用公法线千分尺或游标卡尺测出跨 k 个和 $k+1$ 个齿的公法线长度 w，如图 3－2 所示在不同位置至少测量三次，求出平均值，按式（3－2）计算模数，再查表得模数的标准值。根据齿数 z 和模数 m 计算分度圆 d 和齿顶圆直径 d_a。

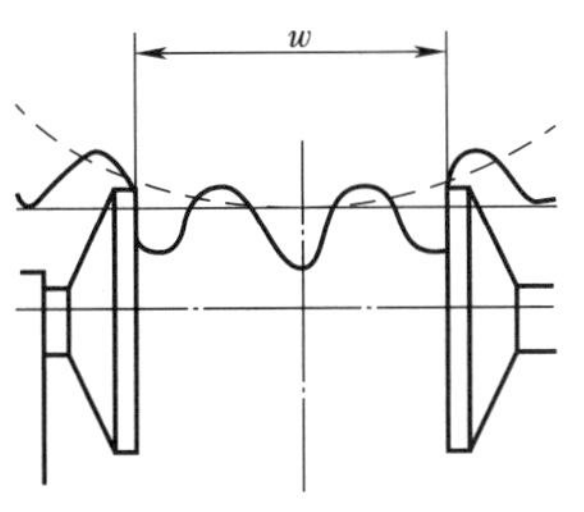

图 3－2 齿轮公法线长度测量

Flash

齿轮结构

$$k=\frac{1}{9}z+0.5 \tag{3-1}$$

$$w_{k+1}-w_{k}=\pi m\cos20^{\circ} \tag{3-2}$$

(2)通过测量齿顶圆直径求模数。当齿数为偶数时,用游标卡尺或螺旋千分尺测量齿顶圆直径,在不同的径向方位上测几组数据取其平均值。

当齿数为奇数时,要采用间接测量法,如图3-3所示。通过测量内孔直径D与由内孔壁到齿顶的距离A确定。分别测出A和D,然后算出齿顶圆直径$d_a=2A+D$。

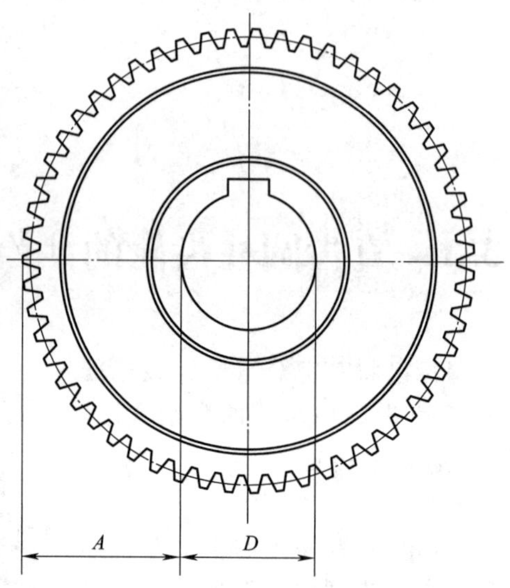

图3-3　齿顶圆直径测量方法

图3-3中,齿轮齿数$z=55$,按间接测量法,在不同位置测量A、D值至少三次,取其平均值,计算齿顶圆直径:

$$d_a=2A+D=114.04$$

$$m=\frac{d_a}{z+2}=\frac{114.04}{57}=2.000\,7$$

查表确定m标准值为2。

2)齿顶圆、分度圆直径d和齿根圆直径d_f

根据齿数和模数按公式计算:

$$d_a=m(z+2)$$

$$d=mz$$

$$d_f=m(z-2.5)$$

2. 确定材料、齿面硬度及热处理方式

齿轮材料的测定,可在齿轮不重要部位钻孔取样,进行材料化学成分分析,确定齿轮材质,或根据使用情况类比确定。通过硬度计可测出齿面的硬度,根据齿面硬度及肉眼观察齿表面,确定其热处理方式。

3. 测量精度

精度对于重要的齿轮,在条件许可的情况下,可用齿轮测量仪器测量轮齿的精度,但应考虑齿面磨损情况，酌情确定齿轮的精度等级。

4. 确定齿面粗糙度

可用粗糙度样板对比或粗糙度测量仪测出齿面粗糙度。

5. 标注技术要求，填写标题栏，完成齿轮零件草图

按国标规定的齿轮画法，绘图轮齿的形状结构时不需要按真实投影画出，当剖切平面通过齿轮轴线时，剖视图上的轮齿部分按不剖画。如图 3－4 所示，主视图按全剖画，齿顶线和齿根线用粗实线绘制，分度线用细点画线绘制，局部视图表达孔和键槽。

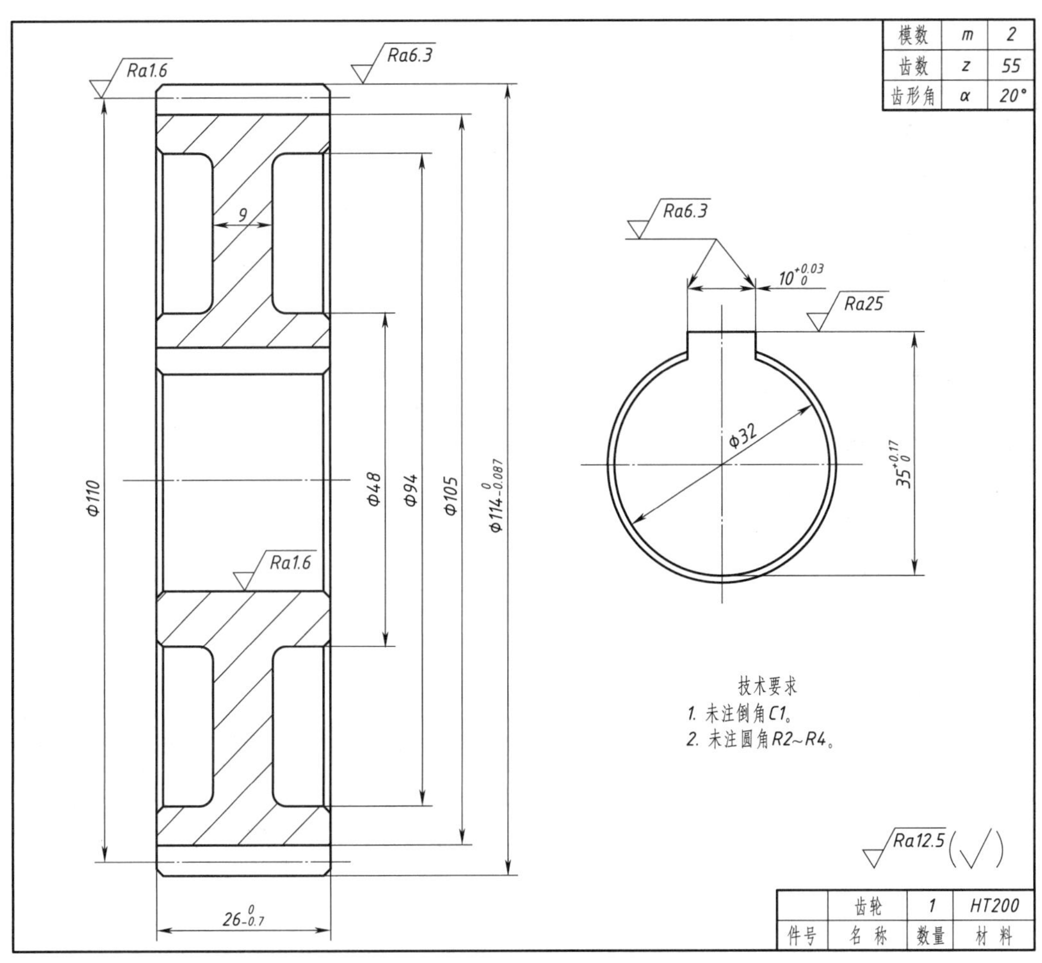

图 3－4　齿轮零件图

以上是模数制标准直齿圆柱齿轮测绘相关内容。注意还有径节制齿轮，径节制齿轮径节以 DP 表示，是齿数 z 与分度圆直径 d 之比，$DP = z/d$（d 的单位是英寸）。测绘齿轮时，应判断是模数制还是径节制，查清是哪个机器上使用的，机器是哪个国家或地区生产的，以便估计这个齿轮使用的标准制。例如，中国、俄罗斯、德国、捷克、法国、日本、瑞士等国家生产的齿轮一般是模数制的，标准齿形角是 20°，英国、加拿大、美国等一般采用径节制，标准齿形角是 14.5°或 20°。

3.2 圆柱螺旋压缩弹簧的测绘

弹簧是用途广泛的常用零件，可用来减震、夹紧、储存能量和测力等，其特点是受力后能产生较大的弹性变形，去除外力后能恢复原状。本节介绍普通圆柱螺旋压缩弹簧的测绘方法，如图 3－5 所示。

图 3－5 圆柱螺旋压缩弹簧

1. 主要参数及几何尺寸

(1)测量弹簧外径 D，内径 D_1，簧丝直径 d。

(2)计算中径 $D_2 = D - d = (D_1 + d)/2$。

(3)测量出自由高度 H_0。

(4)测量节距 t，采用测螺纹一样的方法。

(5)数出圈数，工作圈 n，总圈数 n_1，支撑圈数 n_2，则 $n_1 = n + n_2$。

国标规定：冷卷弹簧 $n_2 = 2 \sim 2.5$，热卷弹簧 $n_2 = 1.5 \sim 2$。美国、日本等国规定：$n_2 = 1.5 \sim 2$。

(6)确定旋向(左旋或右旋)，称出弹簧质量 Q。

(7)在弹力试验机和压力机上加负荷，并记录几个任意负荷下的相应高度，以备作压力三角形，求出弹性系数 K。

2. 选择弹簧精度

国标规定，弹簧的制造精度分为三级如表 3－1 所示：

1 级——受力变形量偏差为 ±5%～8%。

2 级——受力变形量偏差为 ±8%～12%。

3 级——受力变形量偏差为 ±12%～18%。

其主要参数也按照制造精度分为 1，2，3 级。

表 3－1 弹簧的制造精度

	自由高度 H_0(或长度)允差	弹簧外径 D(或内径 D_1)	轴线或两端面垂直度
1 级	±0.7～±5.5	$\pm 0.01D_2 \sim \pm 0.015D_2$	$0.017H_0 \sim 0.025H_0$
2 级	±1.2～±9	$\pm 0.015D_2 \sim \pm 0.02D_2$	$0.025H_0 \sim 0.04H_0$
3 级	±1.8～±15	$\pm 0.02D_2 \sim \pm 0.03D_2$	$0.04H_0 \sim 0.06H_0$

3. 确定材料

材料需送化学实验室验定，常用 65Mn(锰弹簧钢)、60Si2Mn(硅弹簧钢)、50CrVA(铬钒钢)、3Cr13(不锈钢)等。

4. 确定热处理

对冷卷弹簧一般只回火。对热卷弹簧必须进行淬火、回火处理。

5. 确定表面处理

表面处理有发蓝、镀镉、镀锌、钝化、喷丸等。不锈钢不进行表面处理。

6. 图解表明弹簧的机械性能

画出压力三角形，标出最小工作负荷下的变形量或高度和最大负荷下的变形量或高度，如图 3－6 所示。

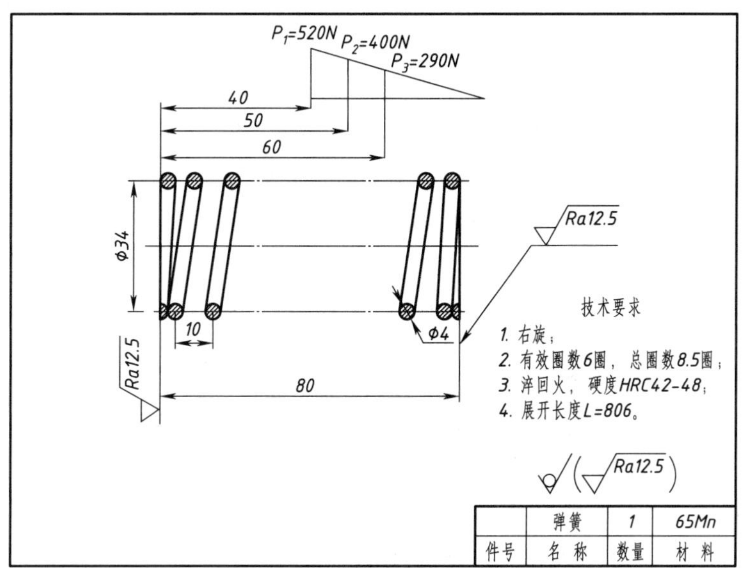

图 3－6　弹簧零件草图

3.3　标准件的测绘

标准件是指结构、尺寸、画法、标记等各个方面已经完全标准化，并由专业厂生产的常用的零(部)件，如螺纹件、键、销、滚动轴承等。广义的标准件包括标准化的紧固件、连接件、传动件、密封件、液压元件、气动元件、轴承等机械零件。

1. 测量深沟球轴承尺寸并确定型号

深沟球轴承由外圈、内圈、滚动体和保持架组成，如图 3－7 所示。其简图如图 3－8 所示。

图 3－7　深沟球轴承结构

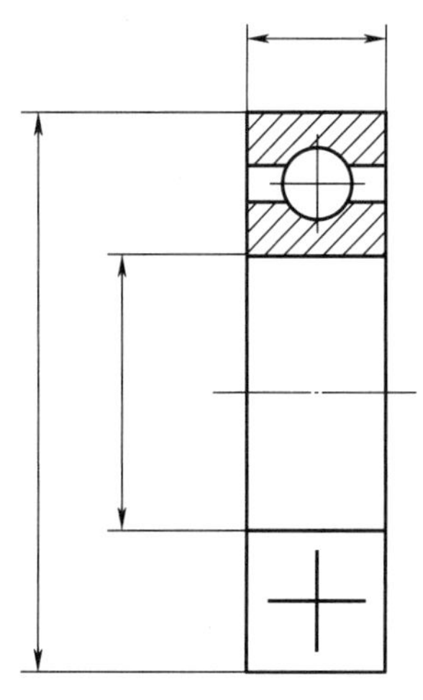

图 3－8　深沟球轴承测量尺寸

（1）用游标卡尺分别测量深沟球轴承的内径、外径和宽度尺寸，并在图 3－8 中标注出。

（2）根据测量尺寸选取与测量尺寸最接近的数值为深沟球轴承的标准尺寸。

（3）根据标准尺寸选定深沟球轴承型号。

2. 测量螺钉尺寸并确定代号

测绘开槽沉头螺钉时，如图 3－9 所示，可采用如下步骤。

（1）用游标卡尺测螺钉大径和长度（包括螺钉头）。

（2）用螺纹规测量螺距。

（3）把测得的尺寸与螺钉标准尺寸对照，选取与测量尺寸最接近的数值为螺钉的标准尺寸。

（4）根据尺寸选定螺钉的代号。

【例】用游标卡尺测量开槽沉头螺钉的大径及长度，测得大径尺寸约为 4.95 mm，长度约 20 mm，查附录 B，可以确定此螺钉的规格为 M5 ×20，参见国家标准 GB/T 68—2016《开槽沉头螺钉》。

3. 测量六角螺母尺寸并确定代号

测绘六角螺母时，如图 3－10 所示，可采用如下步骤。

（1）用游标卡尺测量六角螺母内径，用螺纹样板测量螺母的螺距。

（2）把测得的尺寸与标准尺寸对照，选取与测量尺寸最接近的数值为螺母的标准尺寸，并根尺寸选定螺母的代号。

4. 测量平垫圈尺寸并确定代号

测绘平垫圈时，如图 3－11 所示，可采用如下步骤。

（1）用游标卡尺测量平垫圈内径。

（2）根据测量的内径在标准中选取与测量尺寸最接近的数值为平垫圈的标准尺寸，并根据标准尺寸选定平垫圈代号。

图 3－9　开槽沉头螺钉

图 3－10　六角螺母

图 3－11　平垫圈

第4章 齿轮油泵的拆装

4.1 齿轮油泵的部件分析

齿轮油泵是机器中输送油的一个部件，常用于机器润滑系统中，用于给润滑系统提供压力油，使其内部做相对运动的零件接触面之间产生油膜，从而降低零件间的摩擦和磨损，延长零件的使用寿命。

1. 齿轮油泵的工作原理

主动齿轮逆时针旋转，两齿轮在泵内做啮合传动时，吸油口的压力下降产生局部真空，油池内的油在大气压力作用下进入低压区的吸油口，随着齿轮的转动，齿槽中的油不断被带至左边的出油口，从齿间被挤出的油形成高压油，经出油口把油压出，送至机器中各润滑管路，如图4-1所示。

2. 齿轮油泵的结构分析

齿轮油泵如图4-2所示，利用一对相互啮合的齿轮传动进行工作，啮合齿轮为一对标准直齿圆柱齿轮，其齿根圆直径与轴径相差较小，因此和轴均做成一体，叫齿轮轴。

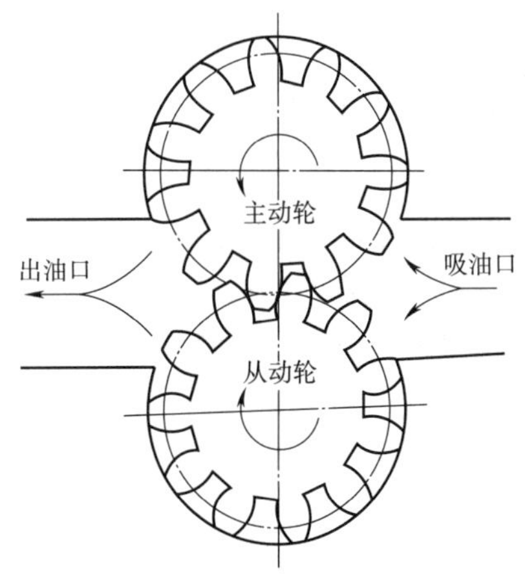

图4-1　齿轮油泵原理图

图4-2　齿轮油泵

将从动齿轮轴、主动齿轮轴装入泵体后，由泵盖与泵体支承这一对齿轮轴的旋转运动。圆柱销将泵盖与泵体定位后，再用螺钉连接。为防止泵体与端盖结合面及齿轮轴伸出端漏油，分别用垫片、填料、填料压盖及压紧螺母密封。

在泵盖上有安全装置(限压阀装置)，保证了整个润滑系统的安全工作。当出油腔油压过高时，钢球左移，高压油通过回油通道流回进油腔，分解图如图 4－3 所示。

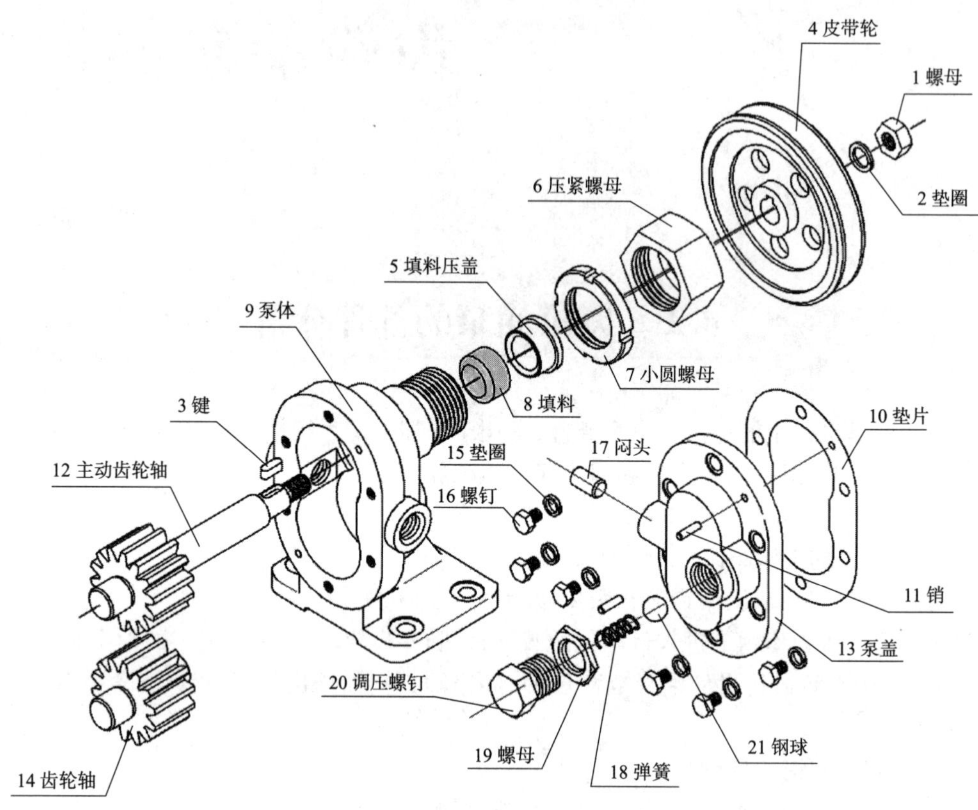

图 4－3　齿轮油泵分解图

4.2　齿轮油泵的拆装

机器或者部件的拆装，是在对机器或者部件测绘前或生产设备维修前，采用合适的工具和方法，拆下必要的零件和部件，并在完成测绘或维修任务后重新装配。在开始拆卸时就要考虑再装配时要与原机相同，即保证原机的完整性、准确度和密封性等。彻底弄清被测零部件的工作原理与结构形状，为零部件的绘图打下基础。

4.2.1　文明安全要求

(1)现场测绘时必须遵守操作规程，保证人身和设备安全。

(2)完毕后必须保持部件及工具完好，如有损坏或丢失需补购或补制。

(3)工具与所拆零件要轻拿轻放,工具使用完毕后要放回工具箱相应位置。

(4)拆卸工件时要弄清顺序再操作,要有预见性,快拆下时要用手接住。

4.2.2　拆卸方法

拆卸应按照与装配相反的顺序进行,一般是由外向内,从上到下,先拆成部件或组件,再拆成零件。

机器的连接方式一般可以分为四种形式:永久性连接(焊接、铆接)、半永久性连接(过盈配合)、活动连接(间隙配合)和可拆连接(螺纹、键、销连接)。永久性连接属于不可拆连接,半永久性连接只有在中修或大修时才允许拆卸,后两种一般都可以拆卸。活动连接和可拆连接拆卸比较容易,半永久性连接拆卸方法一般有以下几种。

1. 冲击力拆卸法

利用锤头的冲击力打出要拆卸的零件。这种拆卸方法多用于拆卸比较结实或不重要的零件。应当注意,锤击时必须对受击部位采取保护措施,要垫上软质垫块,如木材、钢垫等保护受击的零件。

2. 压出压入法

这种拆卸方法作用力稳而均匀,作用力方向容易控制,但需要一定的设备,如各种动力(液、气、机械)的压力机。如在压力机压力的作用下,使齿轮与轴分离。

3. 拉出拆卸法

常用拉拔器拆卸滚动轴承、轴套、凸缘半联轴器及皮带轮等。

4. 温差拆卸法

利用金属热胀冷缩的特点进行拆卸,如对齿轮加温或将轴冷却的方法进行拆卸。

4.2.3　拆卸时注意的问题

(1)内部结构无法测量时,采用 X 光透视或其他办法解决,以免损坏或影响精度。

(2)注意保护贵重零件和零件的高精度重要表面。

(3)防止零件丢失,应按拆卸顺序分组摆好并对零件进行编号和做标记或照相。要特别注意避免滚珠、键、销等小零件的丢失。

(4)拆卸时应选用恰当的拆卸工具或设备,不能用量具、钳子、扳手等代替锤子使用,以免将工具损坏。

(5)拆卸前应当先测量一些重要尺寸(如相对位置尺寸、运动零件极限尺寸、装配间隙等)以便顺利装复。

4.2.4　常用拆卸工具

为清楚了解装配体内部各零件装配情况及零件结构形状,必须要拆卸机器或部件。常用的拆卸工具主要有扳手类、螺钉旋具类、手钳类,还有拉拔器、锤子和冲子等。

1. 扳手类

扳手主要用来旋紧六角形、正方形螺钉和各种螺母。

(1)活扳手,外形如图 4－4 所示。其开口尺寸可在一定范围内进行调节,其规格可以用总长度(mm)×最大开口度(mm)表示:100×13,150×18,200×24,250×30,300×36,375×46,450×55,600×65等。

活扳手在使用时应让固定钳口受主要作用力,否则扳手易损坏。活扳手工作效率不高,活动钳口易歪斜,往往会损坏螺母或螺钉头部表面。

(2)呆扳手,也叫开口扳手,分为单头呆扳手(图4-5)和双头呆扳手(图4-6)两种形式,用于紧固或拆卸六角头或方头螺钉、螺母。它们的开口尺寸是与螺钉、螺母的对边间距的尺寸相适应的,并根据标准尺寸做成一套。单头呆扳手以开口宽度表示,如8、10、12、14、17、19等;双头开口扳手规格按开口尺寸(单位:mm×mm)有:5.5×7、8×10、9×11、12×14、14×17、17×19、19×22、22×24、24×27、30×32等10种。

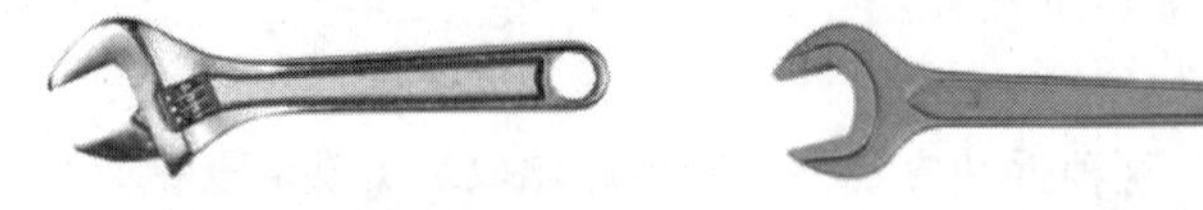

图4-4　活扳手　　图4-5　单头呆扳手

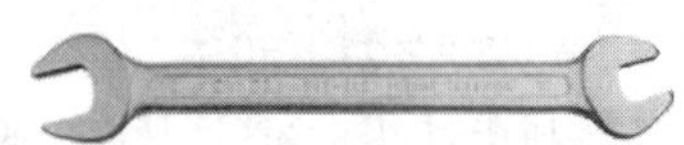

图4-6　双头呆扳手

(3)梅花扳手,其内壁为十二角形,分为单头梅花扳手(图4-7)和双头梅花扳手(图4-8)两种形式,并按颈部形状分为矮颈型、高颈型、直颈型和弯颈型。由于它只要转过30°就可以调换方向再扳,扳手占用空间较小,所以能在扳动范围狭窄的地方工作,是使用较多的一种扳手。

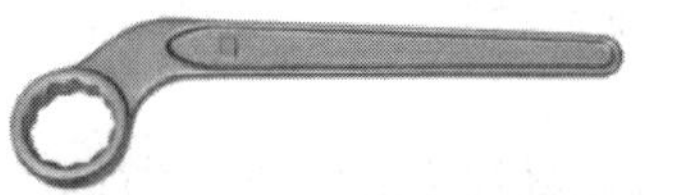

图4-7　单头梅花扳手

图4-8　双头梅花扳手

呆扳手和梅花扳手在使用时因开口宽度为固定值不需要调整,因此与活扳手相比其工作效率较高。

(4)内六角扳手,用于旋紧内六角螺钉,这种扳手是成套的,如图4-9所示。规格用内六角孔对边宽度(mm)表示,数值如2.5、4、5、6、8、10等。

(5)套筒扳手,由套筒、连接件、传动附件等组成,如图4-10所示。一般由多个不同规格的套筒和连接件、传动附件组成扳手套装。套筒扳手在使用时根据要转动的螺钉或螺母大小的不同,安装不同的套筒进行工作。使用方便,工作效率比较高。

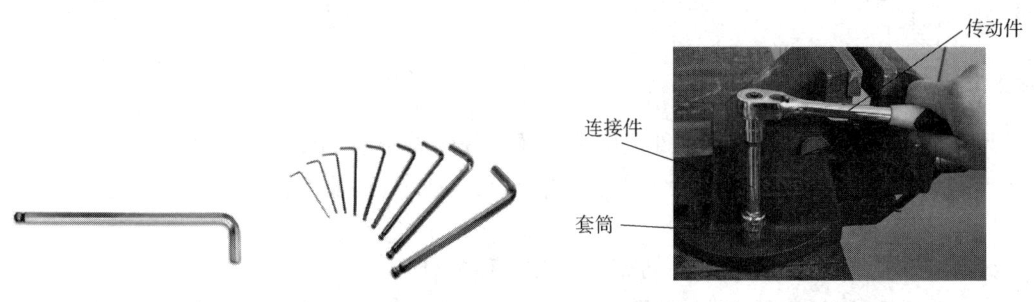

图4-9　内六角扳手　　图4-10　套筒扳手连接形式

除以上几种扳手外，常用的还有锁紧扳手，可以用来装卸圆螺母，如图 4－11 所示；气动扳手，如图 4－12 所示，以压缩空气为动力，适用于汽车、拖拉机等批量生产安装中螺纹连接的旋紧与拆卸，能提高装配质量和效率，并降低劳动强度。

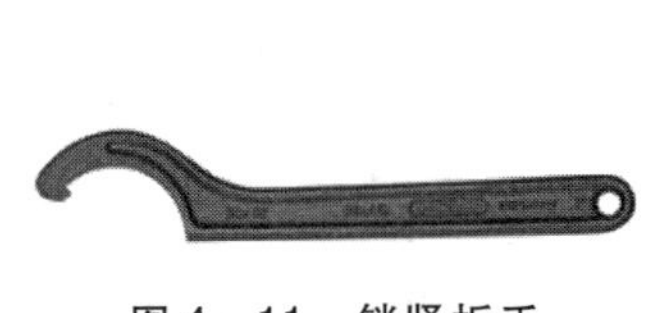

图 4－11　锁紧扳手

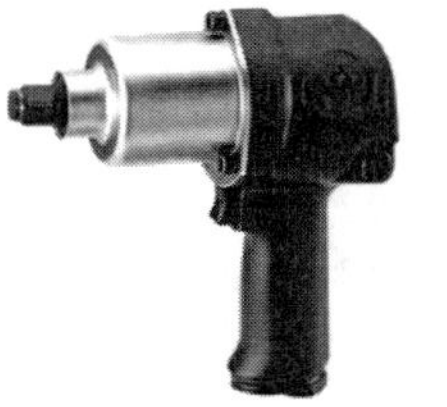

图 4－12　气动扳手

2. 螺钉旋具类

俗称螺丝刀或起子，常用的有：一字槽螺钉旋具，如图 4－13 所示，用于紧固或拆卸各种标准的一字槽螺钉；十字槽螺钉旋具用于紧固或拆卸各种标准的十字槽螺钉，如图 4－14 所示；内六角花形螺钉旋具，如图 4－15 所示，专用于旋拧内六角螺钉。测绘时常用 3 mm × 100 mm、5 mm × 200 mm 一字及十字槽螺钉旋具。

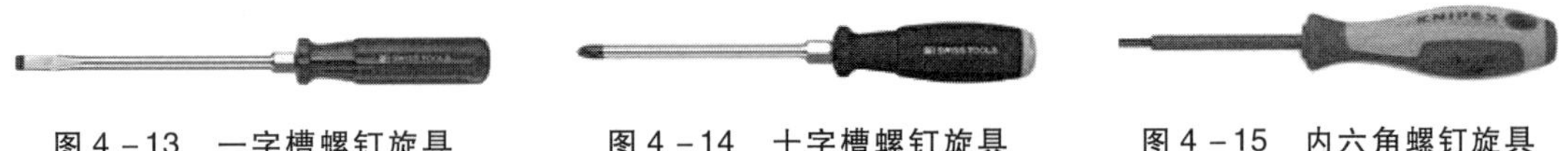

图 4－13　一字槽螺钉旋具　　图 4－14　十字槽螺钉旋具　　图 4－15　内六角螺钉旋具

3. 钳子类

常用等有尖嘴钳、扁嘴钳、钢丝钳和弯嘴钳。

(1)尖嘴钳，如图 4－16 所示，适合于在狭小工作空间夹持小零件和切断或扭曲细金属丝，带刃尖嘴钳还可以切断金属丝。如开口销就可以用尖嘴钳弯曲尾部以锁紧螺纹。常用的规格有 125 mm、140 mm、160 mm、180 mm 和 200 mm 等。

(2)扁嘴钳，如图 4－17 所示，按钳嘴形式分长嘴和短嘴两种。用于弯曲金属薄片和细金属丝、拔装销子、弹簧等小零件。常用的规格有 125 mm、140 mm、160 mm 和 180 mm 等。

(3)钢丝钳，又称夹扭剪切两用钳，外形如图 4－18 所示。用于夹持或弯折金属薄片、细圆柱形件，切断细金属丝，常用的规格有 160 mm、180 mm 和 200 mm 等。

(4)弯嘴钳，分柄部带塑料套与不带塑料套两种，如图 4－19 所示。用于在狭窄或凹陷下的工作空间中夹持零件。常用的规格有 125 mm、140 mm、160 mm、180 mm 和 200 mm 等。

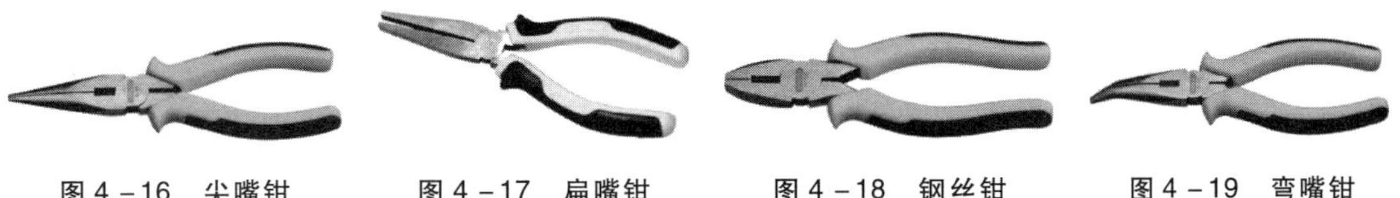

图 4－16　尖嘴钳　　图 4－17　扁嘴钳　　图 4－18　钢丝钳　　图 4－19　弯嘴钳

4. 拉拔器

常见的有三爪拉拔器和两爪拉拔器。三爪拉拔器如图 4－20 所示，用于轴系零件的拆卸，如轮、盘或轴承等类零件；两爪拉拔器的外形如图 4 - 21 所示，在拆卸、装配、维修工作中，用以拆卸轴上的轴承、轮盘等零件，还可以用来拆卸非圆形零件。

图 4 - 20　三爪拉拔器

图 4 - 21　两爪拉拔器

5. 压力机

装配用压力机一般采用液压式。由于压力大小、压装速度均可调，因而压装平稳、无冲击性，特别适合于过渡或过盈配合件的装配，如压装轴承、带轮等。

6. 其他拆卸工具

除了上述介绍的拆卸工具之外，常用的还有橡胶锤(图 4 - 22)、铁锤(图 4 - 23)和冲子(图 4 - 24)等。一般不允许直接敲打零件，如果确实需要，可以用锤子轻轻敲打，或是先垫上软质垫块，如木材、铜垫等，防止捶力过大而损伤所拆卸零件。冲子常用于拆卸圆柱销或圆锥销。

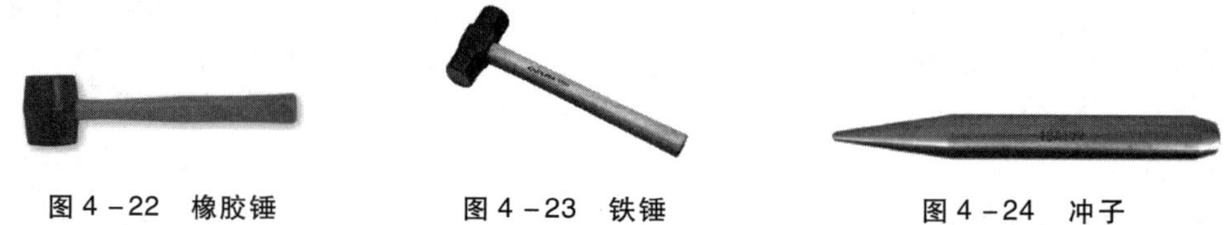

图 4 - 22　橡胶锤　　图 4 - 23　铁锤　　图 4 - 24　冲子

4.2.5　装配示意图的画法

装配示意图是用线条和符号来表示零件间的装配关系和装配体工作方式的一种工程简图。便于拆卸后重装和为画装配图时提供参考。在拆卸过程中，应画装配示意图。主要用于记录零件间的相对位置、连接关系和配合性质，注明零件的名称、数量和编号等。

装配示意图的画法没有统一的规定。通常，图上各零件的结构形状和装配关系，可用较少的线条形象地表示，甚至可以只用单线条来表示。目前，较为常见的有“单线 + 符号”和“轮廓 + 符号”两种画法。

1. 用“单线 + 符号”绘制法画装配示意图

“单线 + 符号”画法是将结构件用线条来表示，对装配体中的标准件和常用件用符号来表示的一种装配示意图画法。注意两零件间的接触面应按非接触面的画法来绘制。

回油阀结构示意图如图 4 - 25(a)所示。回油阀的装配图主视图如图 4 - 25(b)所示,阀体和垫片、阀盖和垫片之间都是接触表面,在装配示意图中要用两条线来表示,所有的非标准件都是用单线来表示的,如图 4 - 25(c)所示。

2. 用“轮廓 + 符号”绘制法画装配示意图

装配示意图的另一种画法是“轮廓 + 符号”画法。这种画法是画出部件中一些较大零件的轮廓,其他较小的零件用单线或符号来表示。如图 4 - 25(d)所示为用“轮廓 + 符号”法绘制的回油阀示意图,其中阀体、阀盖和阀罩的画法采用了轮廓画法。

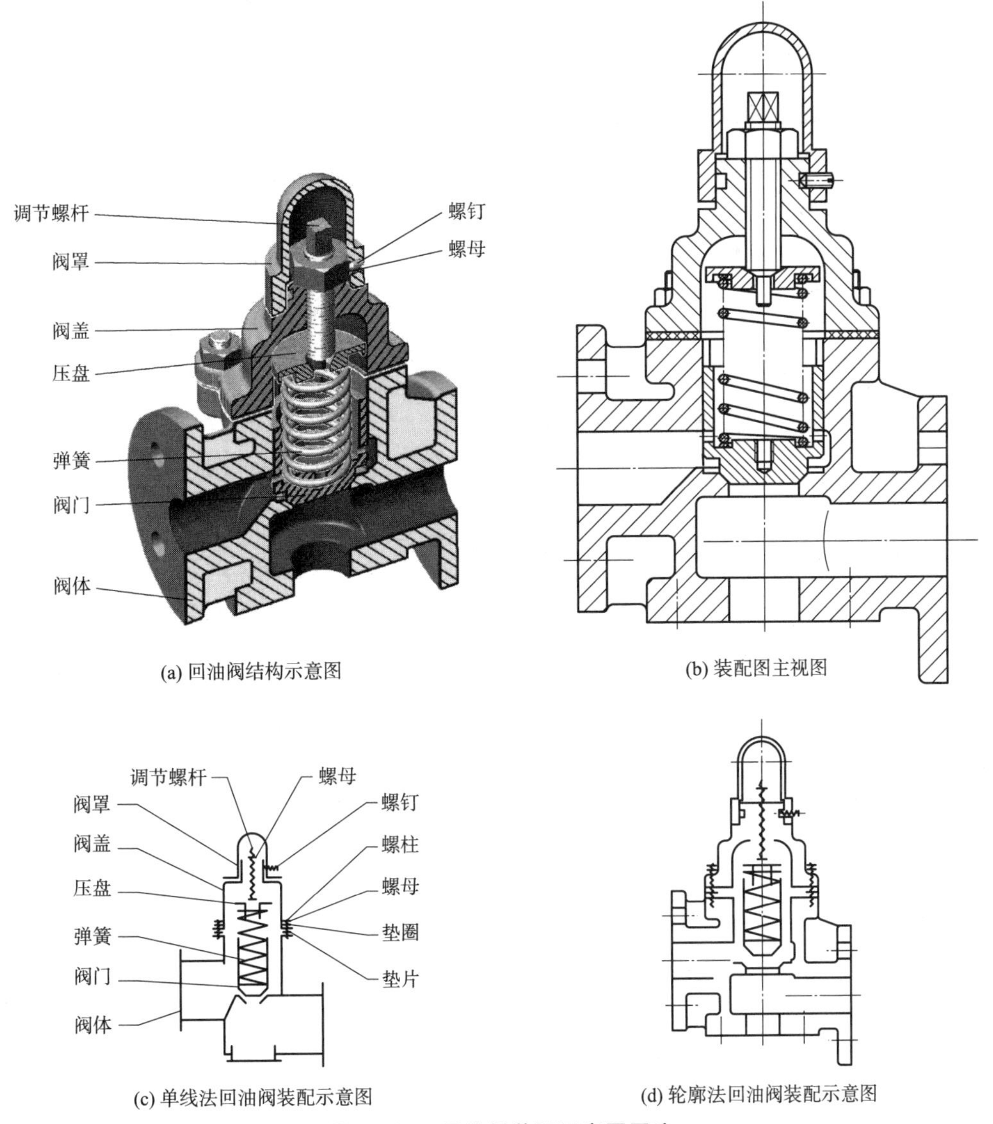

图 4 - 25　回油阀装配示意图画法

3. 画装配示意图的一般规则

(1)假想把装配体看成是透明体,其表达可不受前后层次的限制,以便同时看到装配体的内、外部零件的轮廓和装配关系。

(2)只用简单的符号和线条表达各零件的大致形状和装配关系,一般只画一个图形,表达不完全也可增加图形,应与第一个视图保持投影关系。

(3)一般零件可用简单的图形画出大致轮廓,可以从主要零件和较大的零件入手,按装配顺序和零件的位置逐个画出示意图。

(4)相邻零件的接触面或配合面之间应留有间隙,以便于区别零件,零件中的通孔可按剖面形状画成开口,以便更清楚地表达通路关系。

(5)装配体的所有零件应在图上明确标注出来。标注时可以直接在图上注写文字,并用引线指向零件;也可以将零件编号,图中注写编号,在明细表中注明编号、名称、数量、材料等,对标准件需注明规定标记。

4.2.6 绘制齿轮油泵装配示意图

1. 齿轮油泵主要的装配关系(图 4 - 3)

1)连接与固定方式

泵体与泵盖通过销和螺钉定位连接,主动齿轮轴与从动齿轮轴通过两齿轮端面与泵体和泵盖内侧面接触而定位,主动齿轮轴伸出端上的皮带轮是由键与齿轮轴连接,并通过垫圈和螺母固定。

两齿轮轴轴孔中有转动,所以应该选用间隙配合;一对啮合齿轮在泵体内快速旋转,两齿顶圆与泵体内腔也是间隙配合;填料压盖的外圆柱面与泵体轴孔虽然没有相对运动,但考虑到拆卸方便,选用间隙配合;皮带轮的内孔与主动齿轮轴之间没有相对运动,右端用有螺母轴向锁紧,所以应选择较松的过渡配合(或较紧的间隙配合)。泵盖与闷头的配合,考虑到加工时泵盖内的回油通道的后端做成开口的孔,再压入闷头堵死,应选过盈配合。

2)密封结构

主动齿轮轴的伸出端有密封结构,通过填料压盖压紧填料,并用压紧螺母压紧而密封;再用圆螺母锁紧,防止油液渗漏,如图 4 - 26 所示。泵体与泵盖连接时,垫片被压紧,起到密封作用。

3)安全装置

在该油泵中还有一个安全装置,该装置在泵体内,泵盖内有一台阶孔,孔内一侧有两个小孔,一个与进油腔相通,一个与出油腔相通。大孔中安装钢球、弹簧、螺母,调压螺钉与螺母采用螺纹连接,如图 4 - 27 所示。旋转调压螺钉,可以压缩或松开弹簧,达到调节弹簧压力的目的。螺母起锁紧作用。正常工作时,靠弹簧的压力,使钢球始终封住回油通道。当出油腔里的油压超过工作油压时,带有较大压力的油液通过泵盖上与出油腔相通的小孔流入泵盖台阶内,并将钢球顶开(此时油压大于弹簧压力),即打开回油通道,带有较大压力的油液通过回油小孔流入进油腔,实现卸压作用,从而保证了油路系统的安全。

2. 绘制装配示意图

齿轮泵有两条装配线:一条是主动齿轮轴装配线,主动齿轮轴装在泵体和泵盖的支承孔内,在主动齿轮轴右边的伸出端装有填料、填料压盖、压紧螺母、小圆螺母、皮带轮、键、垫圈和螺母;另一条是从动齿轮轴装配线,从动齿轮轴装在泵体和泵盖的支承孔内,与主动齿轮轴相啮合。

采用“轮廓 + 符号”方法绘制装配示意图,如图 4 - 28 所示,画图步骤如下:

(1)绘制最大的零件,泵体的轮廓,两个视图一起画。
(2)绘制垫片、泵盖轮廓、螺钉,两个视图一起画。
(3)绘制主动齿轮轴、从动齿轮轴。
(4)绘制主动齿轮轴上的零件,填料、填料压盖、压紧螺母、圆螺母。
(5)绘制带轮轮廓,再依次绘制键、垫圈、螺母。
(6)绘制俯视图上闷头、钢球、弹簧、螺母、调压螺钉。

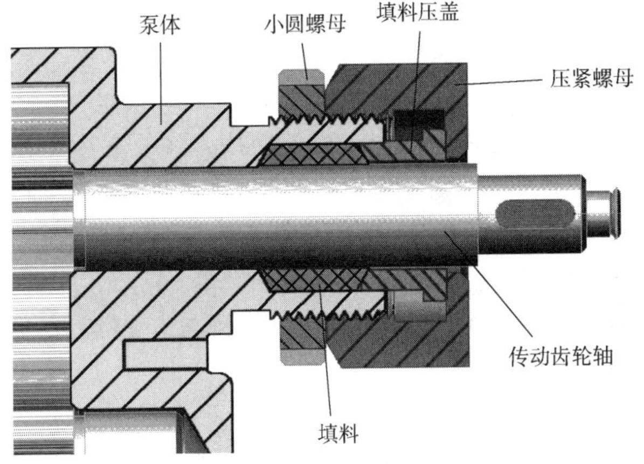

图 4-26　密封结构

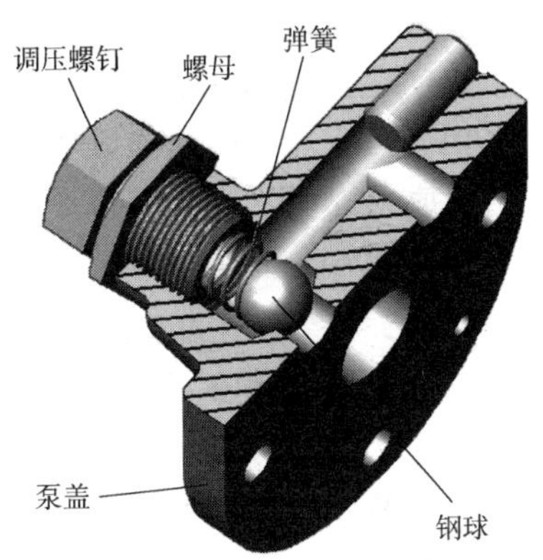

图 4-27　安全装置

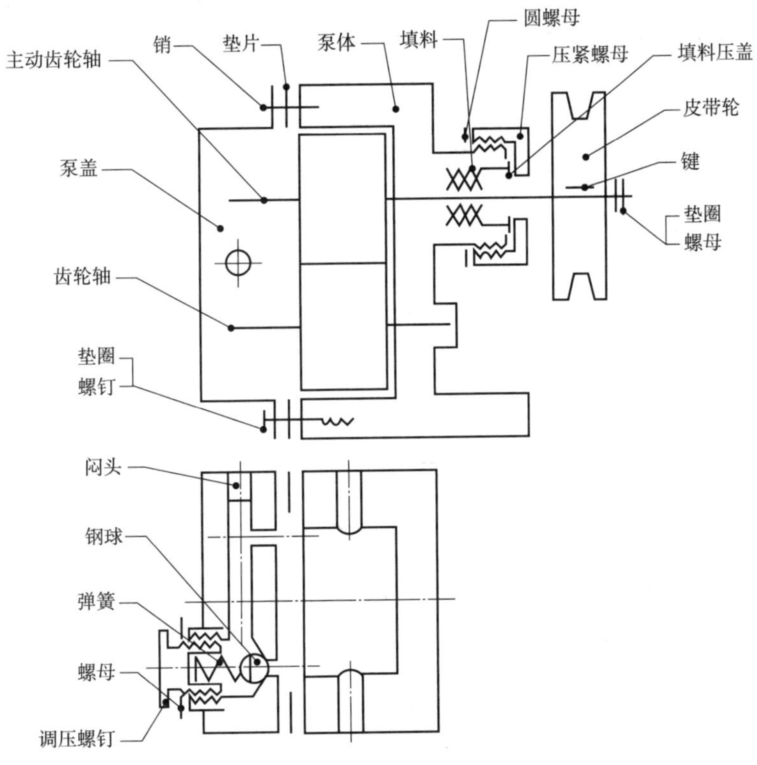

图 4-28　齿轮油泵装配示意图

4.2.7 拆卸齿轮油泵

Flash

齿轮油泵的拆装

1. 准备工作

测绘齿轮油泵之前,要先通过观察了解其基本构成,准备好拆卸工具,如扳手、钳子、锤子等。拆卸前要将齿轮油泵放置在拆装工作台上,拆卸时要把拆卸下来的零件整齐地放置在一个收纳盘中,以免遗失。拆卸较复杂的部件时,需要对拆卸下来的每个零件进行标号,故需要准备标签纸和水笔等,遇到拆卸问题时还可以准备一些空白记录纸进行记录和说明。

2. 齿轮油泵的拆卸顺序

(1)拆皮带轮一侧的部分零件。先用扳手拧下螺母,取出垫圈,然后用木锤子轻轻敲出皮带轮,并取出键槽中的键。

(2)拆泵盖。先用扳手拧下泵盖上的螺钉,将泵盖拆下,销用于泵体和泵盖的定位,可不必拆卸,闷头与泵盖是过盈配合,拆下会影响油路的密封,不拆卸闷头。

(3)拆密封结构。先用扳手松开圆螺母,再用扳手拧出压紧螺母,取出填料压盖及填料。

(4)拆出主动齿轮轴和从动齿轮轴。

(5)拆安全装置。先松开锁紧螺母,用扳手拧出螺母,再取出弹簧和钢球。

齿轮油泵的装配顺序与此相反。

在拆卸过程中,要及时分析配合件之间的配合性质,并加以记录,如表4-1所示。如果装配示意图未能在拆卸前完成,还要在拆卸的同时完成装配示意图。

表4-1 齿轮泵拆卸记录表

拆卸工序	拆卸零件	遇到的问题	备注
1	螺母、垫圈		
2	皮带轮、键		
3	螺钉、销、泵盖		
4	圆螺母、压紧螺母		
5	填料压盖及填料		
6	主动齿轮轴和从动齿轮轴		
7	螺母、弹簧和钢球		

拆卸完成后，对所有零件按一定的顺序编号，填写到装配示意图中，对部件中的标准件，编制标准件明细表，如表 4－2 所示。

表 4－2　齿轮油泵标准件明细表

序　号	名　称	标　记	材　料	数　量	备　注
1	螺母				
2	垫圈				
3	键				
4	圆螺母				
5	销				
6	弹簧垫圈				
7	螺钉				
8	螺母				

第5章 齿轮油泵的测绘

部件测绘是根据现有的部件或机器，先画出零件草图，再画出装配图和零件图等全套图样的过程。现以第4章所述齿轮油泵为例，说明部件测绘的方法和步骤。

5.1 测绘的方法和步骤

1. 了解测绘对象（详细内容见第4章）
2. 拆卸部件、画装配示意图（详细内容见第4章）
3. 绘制零件草图

拆卸工作结束后，要对零件进行测绘，画出零件草图。

4. 绘制装配图和零件工作图

根据零件草图和装配示意图绘制装配图，再根据装配图和零件草图绘制零件工作图。

5.2 绘制齿轮油泵零件草图

齿轮油泵由21种零件组成，如图4－3所示，其中销、螺母、垫圈等标准件不需要画零件图，根据相关尺寸，写出标记，其余为专用件，都需要测绘并绘制零件草图。画零件草图应按零件测绘要求做，具体要求详细阅读教材有关内容。齿轮油泵中的泵体测绘方法见第2章，下面是主动齿轮轴、泵盖零件的测绘过程。

5.2.1 测绘传动齿轮轴

1. 选择视图并确定表达方案

主动齿轮轴是齿轮泵的主要零件，如图5－1所示，常处于高速运转状态，起到支承、传递运动和传递扭矩的作用，还要通过齿轮传动使油具有一定的压力。其尺寸精度、形位公差、表面质量关系到齿轮油泵的性能和精度。

主动齿轮轴各部分均为同轴线的回转体。齿轮轴的一端与泵盖的支承孔装配在一起，另一端有键槽，通过键与皮带轮连接，再由垫圈和螺母紧固。齿轮部分的两端有砂轮越程槽，螺纹端有退刀槽，为标准结构，需查阅国家标准。主动齿轮轴由于齿轮直径较小，在表达上采用轴类零件的表达方法，主视图的投射方向取轴线水平放置，键槽朝前，以表示键槽的形状；用移出断面图表达键槽的深度；主视图轮齿处用局部剖表达，如图 5－2 所示。

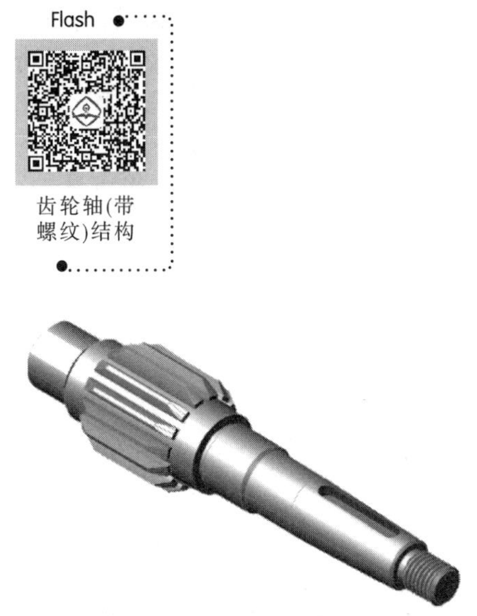

图 5－1　主动齿轮轴

m=3
z=14
α=20°

12	主动齿轮轴	1	45
件号	名 称	数量	材 料

图 5－2　主动齿轮轴的视图表达

2. 测量并标注尺寸

为了保证两齿轮的正确啮合，选择齿轮的端面为主要基准，长度方向辅助基准Ⅰ是轴的左端面，注出总长和主要基准与辅助基准之间的联系尺寸；长度方向的辅助基准Ⅱ是轴的右端面，再以辅助基准Ⅲ注出键槽的定位尺寸和轴段长度，以水平轴线作为径向（高度和宽度）尺寸基准，由此注出各轴段以及齿轮顶圆和分度圆直径。

用游标卡尺或千分尺直接测量轴向尺寸、径向尺寸，轴套类零件的总长度尺寸应直接度量出数值，不可用各段的长度累加计算。键槽尺寸用游标卡尺测量键槽的宽度、深度、长度后，并标注在相应位置；工作图中键槽长度、宽度参考测量值，查相关标准得到标准的公称尺寸和公差标注。轴上的螺纹用游标卡尺测量螺纹大径，再用螺纹样板或用拓印法测量螺距然后查相关标准确定螺距和螺纹大径，齿轮部分的尺寸按第 3 章所述测绘方法测量确定。

3. 选择尺寸公差

齿轮轴在泵盖和泵体的轴孔中有相对运动，所以应该选用间隙配合；齿轮在泵体内快速旋转，两齿顶圆与泵体内腔也应是间隙配合，可选 H7/h6 间隙配合。皮带轮的内孔与主动齿轮轴之间没有相对运动，右端有螺母轴向锁紧，所以选择较松的过渡配合，可选 H7/k6 过渡配合。这些配合尺寸可参阅相似部件确定，也可以根据测得的实际尺寸计算得出。

4. 表面粗糙度的选择

轴类零件都是机械加工表面，在一般情况下，轴的支承轴颈、与传动件配合的表面粗糙度等级较高，常选择 $Ra=0.4\sim1.6\ \mu m$，配合轴颈的表面粗糙度为 $Ra=1.6\sim3.2\ \mu m$，接触表面的粗糙度则选择表面粗糙度为 $Ra=3.2\sim6.3\ \mu m$。如齿轮齿顶圆的表面和泵体齿轮孔的内表面是动配合，表面都有较高的表面粗糙度要求，可选用 $Ra1.6$。

5. 选择形位公差

形位公差应根据零件的使用要求、加工方法等选择。轴类零件有配合要求的外表面其圆度公差应控制在外径尺寸公差范围内。轴类零件的配合轴径相对于支承轴径的同轴度是相互位置精度的普遍要求，常用径向圆跳动来表示以便测量。一般配合精度的轴径，其支承轴径的径向圆跳动一般为 0. 01 ~0. 03 mm，高精度的轴为 0. 001 ~0. 005 mm，还应标注轴向定位端面与轴线的垂直度。

6. 选择材料与热处理

传动齿轮轴高速旋转，受力较大，可选用 45 碳素结构钢，整体调质后，齿面高频淬火处理。

5. 2. 2 测绘泵盖

1. 泵盖的结构

泵盖在油泵中用以保证连接件的安装和改善密封条件，泵盖与泵体形成腔体，外形是长圆形，有两个销孔和六个沉孔，用两个圆柱销进行定位，用螺钉与泵体连接在一起。泵盖上两个圆柱孔用于支承齿轮轴，安装安全装置的结构也在泵盖上，如图 5 -3 所示。

2. 选择视图

泵盖属于盘盖类零件，有主动齿轮轴和从动齿轮轴的支承孔，安全装置部位有内螺纹，端面分布有孔。可以选反映其主要形状特征的方向作为主视图投影方向，增加一个右视图来表达支承齿轮轴的孔、销孔和沉孔的结构特征，用全剖视图进行表达。还要用一个俯视图表达安装安全装置部位的结构特征，用全剖视图进行表达，这样表达较清晰完整，如图 5 -4 所示。

图 5 -3 泵盖

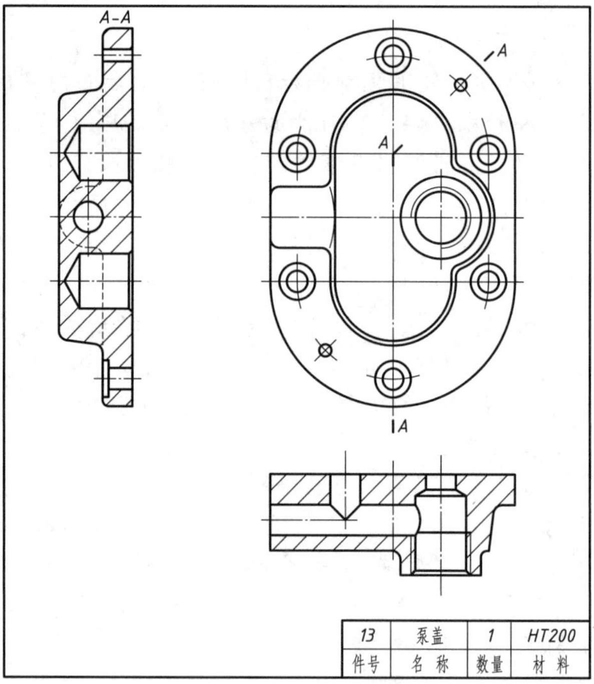

A-A

A

13	泵盖	1	HT200
件号	名 称	数量	材 料

图 5 -4 泵盖的视图表达

3. 测量并标注尺寸

从泵盖反映形状特征的方向看，上下左右基本对称。长度方向的基准是左右对称中心平面，注出圆弧半径，螺钉孔、销孔的定位尺寸。宽度方向的基准是与垫片接触的端面，注出泵盖的厚度和凸缘的厚度，定位尺寸以及盲孔深度，总宽等。高度方向的基准是上下对称中心平面，由此注出齿轮轴支承孔的定位尺寸。

用游标卡尺测量泵盖外形尺寸、孔径、厚度、连接螺孔位置，不能直接测量的结构用卡钳间接测量；轴孔、螺孔等深度用深度尺测量；轴孔中心距用游标卡尺测量两轴孔壁间最小距离加上轴孔直径得到。螺孔尺寸以旋入的调压螺钉来确定。

轴和孔配合的尺寸要用游标卡尺或千分尺测量出圆的直径，再查表选用符合国家标准推荐的基本尺寸系列。标准件尺寸，如螺纹、键槽、销孔等测出尺寸后还要查表确定标准尺寸。工艺结构尺寸如退刀槽、越程槽、倒角和圆角等查相关标准，要按照通用标注方法标注。

4. 确定材料和技术要求

齿轮泵中的泵体和泵盖都是铸件，选择与泵体一样的材料。

泵体与泵盖的结合面表面粗糙度选用 *Ra*1.6。主动齿轮和从动齿轮轴与泵盖上的孔形成配合并有相对运动，可以采用间隙配合，表面粗糙度选取 *Ra*1.6。定位销孔的表面粗糙度选 *Ra*0.8，泵盖上螺纹孔的表面粗糙度选取 *Ra*1.6，泵盖上沉孔的表面粗糙度选取 *Ra*12.5。泵盖与闷头采用过盈配合，其粗糙度选取 *Ra*6.3。

泵盖端面应有对圆孔轴线的垂直度公差要求，两个圆孔的轴线的有平行度公差要求，以保证轴、齿轮和泵盖之间配合紧密。另外，泵盖上销孔与泵体上的销孔需要配作。

从动齿轮轴、压紧螺母、调压螺钉等零件草图略，注意齿轮和螺纹采用规定画法、弹簧钢丝直径在图样上等于或小于 2 mm 时，允许采用示意图画法。

5.3　绘制齿轮油泵装配图

零件草图完成后，根据装配示意图和零件草图绘制装配图，在画装配图的过程中，对草图存在的零件形状和尺寸的不妥之处做必要的修正。

5.3.1　装配图规定画法

(1)非接触面画两条线。如图 5 - 5 所示，螺柱连接中，阀体上通孔尺寸是 1.1d，d 是螺纹大径，螺柱穿过通孔，表面没有接触，应画成两条线。

(2)两零件的接触面、基本尺寸相同的轴孔配合面应画一条线，如图 5 - 6 所示，轴与轴衬配合面画一条线。

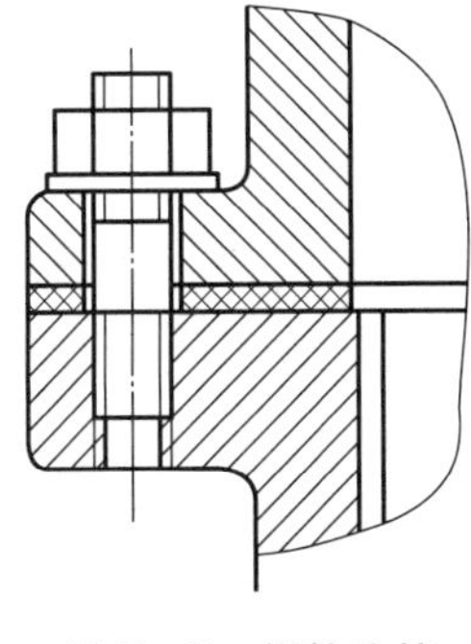

图 5 - 5　螺柱连接

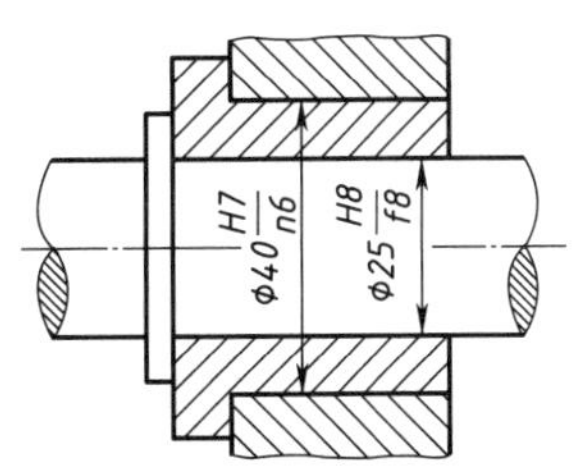

图 5 - 6　轴与轴衬配合画法

(3)相邻零件的剖面线的倾斜方向应当相反,或者间隔不同。

(4)剖切平面通过标准件和实心零件的轴线时,这些零件按不剖绘制。如图 5-5 中螺柱等标准件和图 5-6 中实心轴画法。

5.3.2 齿轮油泵装配图的表达方案

齿轮油泵中包括一对相互啮合的齿轮,还有起密封作用的填料函结构及泵盖上的安全装置。

装配图可以用三个视图表达,主视图按油泵工作位置放置,表达各零件之间的装配关系和定位销的连接情况,以及泵体和泵盖的螺钉连接关系。左视图采用半剖视图,沿结合面剖开,表达泵的外部形状和工作原理,同时还可以表达螺钉孔、定位销的分布情况和皮带轮的形状,俯视图沿泄压装配线的轴线处局部剖开,主要表达泄压装配线上各零件的装配关系和泵盖和泵体上孔的相通关系。

一般情况下,部件中的每一种零件至少应在视图中出现一次。如左视图采用了半剖,将齿轮与泵体间的配合、底板上的锪平孔等表示出来,也将端面上螺钉和销的位置表示得更加清楚。俯视图采用了剖视画法,侧重表示进出油口孔和泵盖上安全装置的结构。

5.3.3 绘制齿轮油泵装配图

1. 确定画图比例、选择图幅大小和布置视图

根据齿轮油泵部件的总体尺寸、复杂程度和视图数量确定绘图比例及标准的图纸幅面。通过齿轮油泵的装配示意图和泵体等零件草图可知装配图中视图长宽高尺寸,同时考虑标题栏、明细栏、零件编号、标注尺寸和技术要求等所需要的位置。选择 A2 图幅,1:1 的绘图比例。

合理布置各个视图的轴线、对称中心线和各个方向的基准线位置,画出各视图的主要轴线、中心线和图形定位基线,如图 5-7 所示。

2. 绘制泵体的主要结构

在画装配图时,按照先画主要零件,与主体构相接的重要零件也要相继画出。要注意各零件之间的连接关系和装配关系。先画泵体的主要轮廓,如图 5-8 所示。

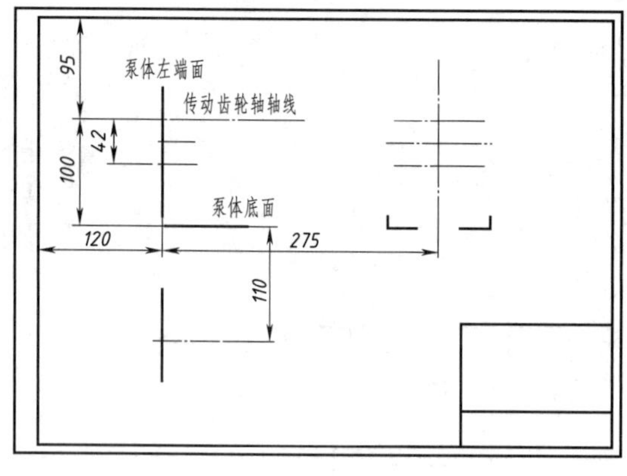

图 5-7 齿轮油泵装配图的布图

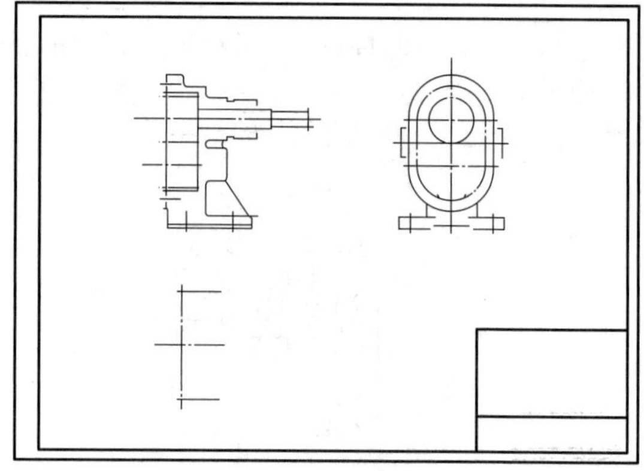

图 5-8 泵体的主要结构

3. 依次绘制其他结构

由主视图入手，配合其他视图，按装配线，从主动齿轮轴开始，由里向外逐个画出齿轮轴、垫片、泵盖、填料压盖、压紧螺母、键、从动齿轮等，完成装配图的底稿。

4. 检查修正

检查各个装配关系是否合理，同一个零件的剖面线方向和间距是否一致，是否有缺漏的图线。

5. 标注尺寸

装配图上需要标注性能（或规格）尺寸、装配尺寸、安装尺寸、外形尺寸和其他重要尺寸等。

(1)性能尺寸（规格尺寸）。两齿轮中心距影响油泵的工作性能，需要标注，可根据测绘数据计算或参考类似部件给出尺寸公差（42 ± 0.02） mm；进出油口直径与油泵流量相关，应注出，G3/8 是油泵的性能尺寸。

(2)装配尺寸。齿轮相对于泵体在做回转运动，但齿顶与泵体之间又要求有很好的密封，因此齿顶与泵体之间应为间隙配合，根据实际测量的尺寸经过计算并参考类似部件，将该配合尺寸设置为 ϕ48H8/h7，同理齿轮轴与孔的配合尺寸设置为 ϕ18H7/h6；还需标出皮带轮和右端轴段的配合尺寸，闷头与泵盖的配合尺寸，齿轮外圆柱面与泵体内腔的配合尺寸，填料压盖和泵体的配合尺寸等。

(3)安装尺寸。安装尺寸表示部件安装在机器上，或机器安装在基础上，需要确定的尺寸。泵体底板上的螺栓孔的定形尺寸 4 × ϕ9 mm 和定位尺寸 45 mm 和 78 mm 就是安装尺寸。

(4)外形尺寸。外形尺寸表示机器或部件总体的长、宽和高方向的尺寸。它反映机器或部件所占空间大小，为包装、运输、安装和厂房设计提供依据。

(5)其他重要尺寸。其他重要尺寸不属于上述尺寸，但是在设计或装配时需要保证的尺寸，如皮带轮的直径 ϕ105 mm。

6. 注写齿轮油泵的技术要求

(1)装配后应转动灵活，无卡阻现象。

(2)装配后未加工的外表面涂灰漆。

装配图的技术要求一般用文字的注写在图纸的右下方空白处，也可以另外编写技术文件，附于图纸之后。

最后检查一下装配图上零件序号与明细表里的零件序号是否对应一致。零件序号排列要整齐，确定无误后，描深图线，完成装配图，如图 5 – 9 所示。两标准直齿圆柱齿轮互相啮合时，分度圆相切，主视图中啮合区两分度线重合，用细点画线画出；两齿轮的齿根线均用粗实线画出，一个齿轮的齿顶线画粗实线，另一个被遮挡的齿顶部分画虚线或省略。

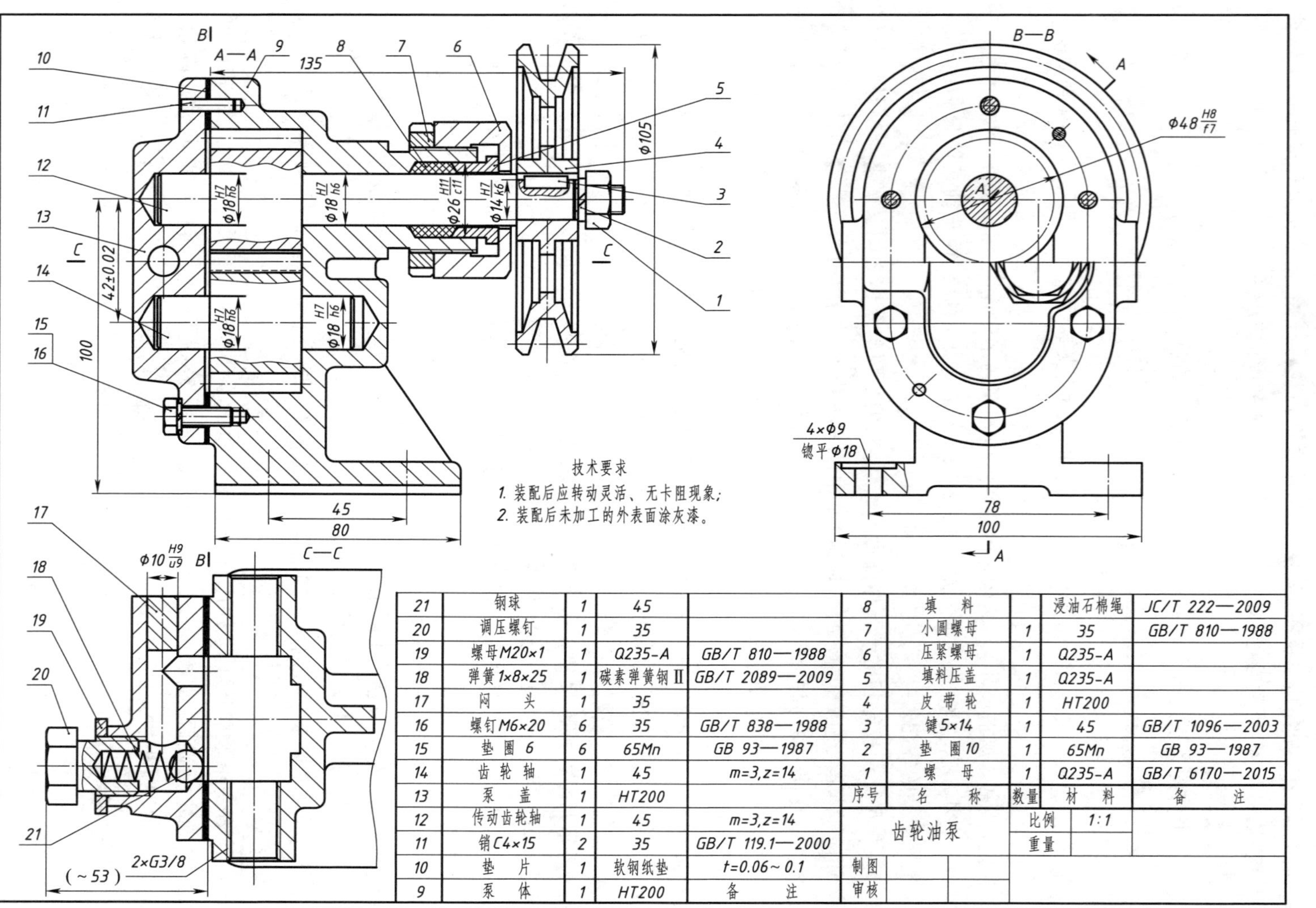

21	钢球	1	45	
20	调压螺钉	1	35	
19	螺母M20×1	1	Q235-A	GB/T 810—1988
18	弹簧1×8×25	1	碳素弹簧钢Ⅱ	GB/T 2089—2009
17	闷头	1	35	
16	螺钉M6×20	6	35	GB/T 838—1988
15	垫圈6	6	65Mn	GB 93—1987
14	齿轮轴	1	45	m=3,z=14
13	泵盖	1	HT200	
12	传动齿轮轴	1	45	m=3,z=14
11	销C4×15	2	35	GB/T 119.1—2000
10	垫片	1	软钢纸垫	t=0.06~0.1
9	泵体	1	HT200	备注

8	填料		浸油石棉绳	JC/T 222—2009
7	小圆螺母	1	35	GB/T 810—1988
6	压紧螺母	1	Q235-A	
5	填料压盖	1	Q235-A	
4	皮带轮	1	HT200	
3	键5×14	1	45	GB/T 1096—2003
2	垫圈10	1	65Mn	GB 93—1987
1	螺母	1	Q235-A	GB/T 6170—2015
序号	名称	数量	材料	备注

齿轮油泵	比例	1:1
	重量	
制图		
审核		

图5－9　齿轮油泵装配图

5.4　零件工作图的画法

零件草图有时是在现场测绘的，所以测绘时间比较仓促，有些表达方案不一定最合理最简明。因此，在绘制零件正式图样前，需要对零件草图进行重新考虑和整理。有些内容需要设计、计算或选用执行有关标准，如尺寸公差、几何公差、表面粗糙度、材料及热处理等。经过复查、补充、修改后，方可绘制零件正式图样，具体步骤如下。

1. 审查、校核零件草图

(1)表达方案是否完整、清晰和简明。

(2)结构形状是否合理、是否存在缺损。

(3)尺寸标注是否齐全、合理及清晰。

(4)技术要求是否满足零件的性能要求又比较经济。

2. 绘制零件正式图样的步骤

(1)选择比例。根据零件的复杂程度而定，尽量采用 1∶1。

(2)选择图样幅面。根据表达方案和比例，留出尺寸标注和技术要求的位置，选择标准图幅。

(3)绘制底稿。对标准结构需要查阅标准手册，确定其标准尺寸。标准件一般是外购件，不需要绘制其零件图，绘制零件工作图不是简单地抄画零件草图，因为零件工作图是制造零件的依据，它比零件草图要求更加准确、完善。

齿轮油泵中零件工作图的分析内容由读者自行分析。

5.5　测绘实践课程小结

零件草图、装配图、零件工作图等完成后，应总结分析以下内容，写一份课程小结。

(1)说明测绘部件的作用及工作原理，有哪些装配线等。

(2)测绘的步骤和内容。

(3)如何确定各零件主视图，表达方案。

(4)如何确定零件的各个尺寸。

(5)如何确定装配图主视图及表达方案，并说明各视图的表达重点。

(6)说明部件中各零件的装配关系以及各种配合尺寸的表达含意，分析主要零件结构形状，确定零件之间的相对位置以及安装定位的形式。

(7)梳理装配图尺寸的种类，说明这些尺寸是如何确定和标注的。

(8)说明装配图的画图步骤。

(9)总结零部件测绘实践的收获和体会。

5.6 图纸的折叠方法

完成齿轮油泵相关图样的绘制和检查后，按照国家标准的要求，将图纸折叠好，同时，按顺序将全部测绘资料装订成册。

1. 基本要求

手工折叠或机器折叠的图样及有关的技术文件，设计各种归档管理以及设计折叠时应按国标规定进行。

(1)折叠后的图纸幅面一般应有 A4(210 mm × 297 mm)或 A3(297 mm × 420 mm)的规格。

(2)折叠时，图纸正面应折向外方，并以手风琴的方式折叠，不可反折或卷筒式折叠。

(3)无论采用何种折叠方法，折叠后图样上的标题栏均应露在外面，并尽量保持在图纸右下角。

2. 折叠方法

国家标准 GB/T 10609.3—2009《技术制图　复制图的折叠方法》中共给出需装订成册的图样、不需装订成册的图样和加长幅面图样三种折叠方法。每种又分别给出 A4 和 A3 两种幅面，对两种幅面又分别给出有装订边和无装订边的情况。

这里仅介绍用途较广的四种基本幅面图纸(有装订边且标题栏在图纸长边上)折叠成 A4 幅面的方法，其余请查阅国家相关标准。首先沿标题栏的短边方向折叠，然后再沿标题栏的长边方向折叠，并在图样的左上角折出三角形的藏边，如图 5－10 中虚线所示，以避免图样装订好后不能正常翻开。最后折叠成 A4 的规格，使标题栏露在外面。

(1)A0 图幅的折叠方法，如图 5－10 所示。

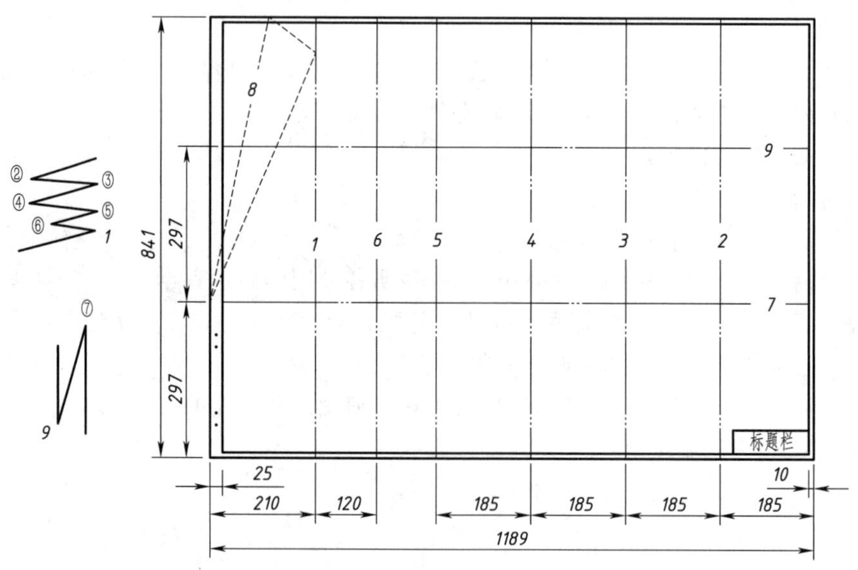

图 5－10　A0 图幅的折叠方法

(2) A1 图幅的折叠方法，如图 5－11 所示。

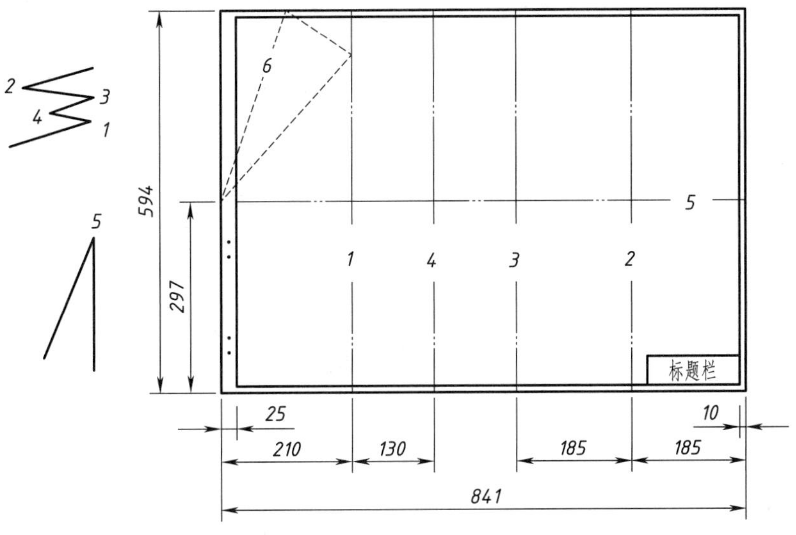

图 5－11　A1 图幅的折叠方法

(3) A2 图幅的折叠方法，如图 5－12 所示。

(4) A3 图幅的折叠方法，如图 5－13 所示。

3. 装订顺序

完成齿轮油泵测绘后，装订图纸等资料时要按一定顺序进行装订：齿轮油泵装配示意图—齿轮油泵装配图—齿轮油泵零件图—齿轮油泵零件草图—课程小结。

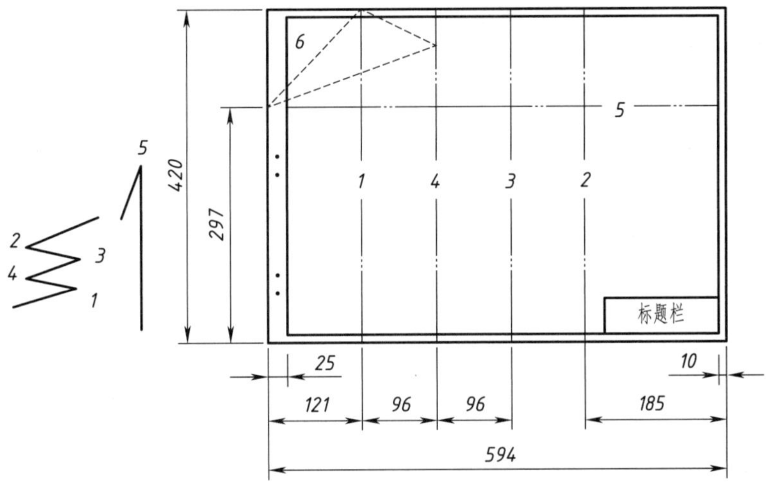

图 5－12　A2 图幅的折叠方法

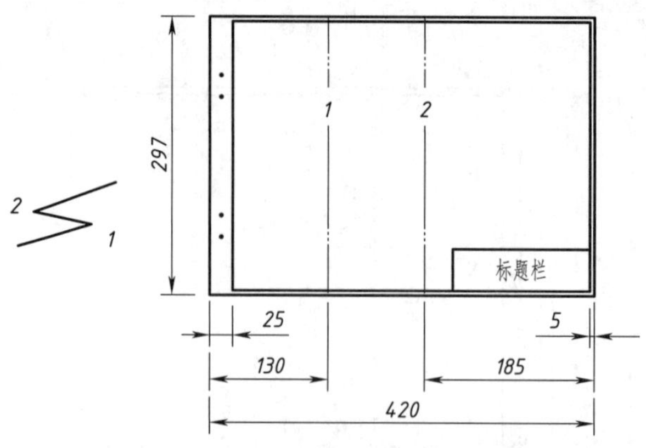

图 5-13　A3 图幅的折叠方法

5.7 答　辩

1. 答辩的目的

答辩是测绘实践的最后一个环节,其目的是检查学生参与测绘实践后的效果,以及在测绘实践学习中了解和掌握的程度。通过答辩让学生展示自己的测绘作品,并且全面分析检查测绘作业的优缺点,总结在测绘实践中所获得的体会和经验,进一步巩固和提高学生在机械制图课程中培养起来的解决工程实际问题的能力。同时,答辩也是评定学生成绩的重要依据。

2. 答辩前的准备

答辩前应对测绘实践学习过程做一次回顾与总结,结合测绘作业复习总结部件的作用与工作原理、零部件测绘方法与步骤、视图表达方案的选择与画图步骤、零部件技术要求与尺寸的选择、测量工具及其使用方法等,并写好制图课程设计小结。

3. 答辩方式

(1)学生展示测绘作业,分析论述测绘部件的作用与工作原理;主要零件的视图、装配图视图是如何选择的,各视图重点表达的内容;各零件之间的装配关系以及配合尺寸的选择与表达含意;如何选择技术要求及表达含意;尺寸的类型、基准的选择与标注方法。

(2)学生现场抽 2 ~ 3 个答辩题,根据题目回答问题。

(3)根据情况由教师随机提出问题要求回答。

4. 答辩参考题

(1)简述齿轮油泵的作用与工作原理。

(2)齿轮油泵装配图采用了哪些表达方法?说明各视图的表达重点。

(3)组成齿轮油泵的各个零件的名称和作用、相邻零件的装配关系。举例说明装配图的规定画法。该装配体有多少个零件组成?标准件有几种,分别有几个?

(4)齿轮油泵泵盖与泵体是靠什么连接和定位的?说明其材料和标准尺寸;

(5)齿轮油泵的主体零件是哪一个?其名称、序号、数量、材料是什么?

(6)齿轮油泵有哪些连接零件?有哪些密封零件?

(7)主动轴上有几个零件与其装配在一起？说出装配连接关系。

(8)齿轮油泵有调节机构吗？其作用是什么？其调节什么？如何调节？

(9)说明齿轮油泵中的齿轮是什么类型的齿轮？齿数、模数是多少？两齿轮中心距是多少？说出单个齿轮和两个齿轮啮合的规定画法。

(10)装配图需标注哪几种尺寸？齿轮油泵中所标注的尺寸各属于哪一种？

(11)我国的极限与配合二种配合制度是什么？有哪三种配合？轴孔配合标注中字母和数字的意义如何？

(12)齿轮油泵在装配完成后需达到哪些要求？

(13)序号、明细表的编写要求。

(14)零件图中包含哪几项内容？装配图中包含哪几项内容？零件图和装配图的区别是什么？

第6章 齿轮减速器的测绘

减速器是一种动力传递机构，通常安装在原动机与工作机之间，可以起到降低转速的作用。具有结构紧凑、效率高、使用和维护简单等特点，在工程中应用非常广泛。常见的有齿轮减速器、蜗轮蜗杆减速器、行星齿轮减速器等。本章对一级直齿圆柱齿轮减速箱进行测绘，结构如图6－1所示。齿轮减速器分解图如图6－2所示。

Flash

齿轮减速器装配体(整体)结构

图6－1　齿轮减速器

6.1　齿轮减速器的工作原理和结构分析

一级圆柱齿轮减速器是一种以降低机器转速为目的的专用部件，齿轮减速器分解图如图6－2所示。当电动机的高输出转速从主动轴15输入后，带动小齿轮转动，而小齿轮带动大齿轮22转动，大齿轮的齿数比小齿轮多，所以大齿轮的转速比小齿轮的慢，即由大齿轮轴（输出轴）输出的转速慢，从而起到降低转速的作用。

箱体采用剖分式结构，分成箱体和箱盖，箱体和箱盖用销定位，并用螺栓紧固。减速箱内的传动件均由箱内的润滑油经过齿轮回转时飞溅润滑，箱内油面高度可通过视油窗进行观察，轴承依靠大齿轮搅动油池中的油来润滑，为防止甩向轴承的油过多，在主动轴支承轴承内侧设置了挡油环。

该减速器有两条装配线，即两条轴系结构，主动齿轮轴和从动轴的两端分别由滚动轴承支承在机座上。4 个端盖 11、16、18、25 分别嵌入箱体内的环槽中，确定了轴和轴上零件相对于机体的轴向位置。为了保证装配要求，两轴上各装有一个调整环，装配时调整轴上的调整环 12 和 19 的厚度，可满足轴向间隙要求。

输入轴和输出轴的一端从透盖孔中伸出，为避免轴和盖之间摩擦，盖孔与轴之间留有一定间隙，端盖内装有毛毡密封圈，紧紧套在轴上，可防止油向外渗漏和异物进入箱体内。

当减速器工作时，由于一些零件摩擦发热，箱体内温度升高引起气体热膨胀，从而导致箱体内压力增高。因此，在减速器顶部设计有透气装置。通气塞 1 是为了排放箱体内的受热膨胀气体，减小内部压力而设置的。螺塞 26 用于清洗放油，箱座的左右两边各有两个成钩状的加强肋，用于起吊运输。机盖重量较轻，可不设起重吊环或吊钩。

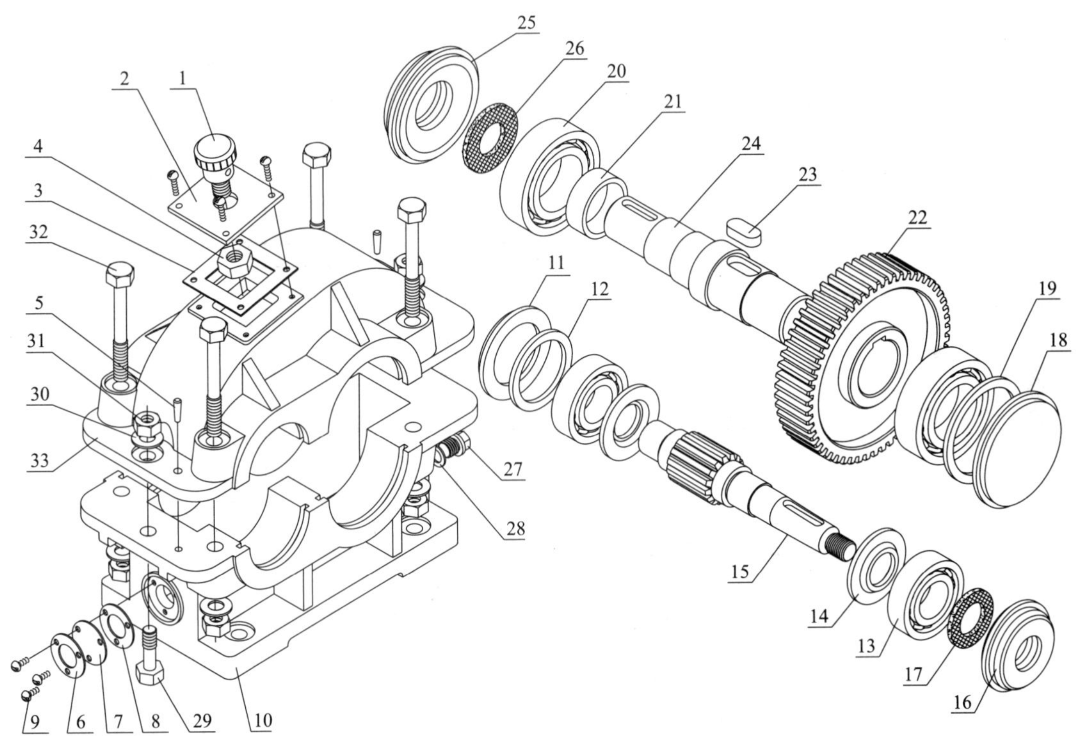

图 6－2　齿轮减速器分解图

1—通气塞；2—小盖；3，8，28—垫片；4，31—螺母；5—圆锥销；6—视油孔盖；7—油面指示片；9—螺钉；10—箱体；11，18，25—端盖；12—调整环；13—滚动轴承；14—挡油环；15—齿轮轴；16—端盖；17，26—挡油毡圈；19—调整环；20—滚动轴承；21—套筒；22—齿轮；23—平键；24—轴；27—螺塞；29，32—螺栓；30—垫圈；33—箱盖

6.2 绘制齿轮减速器装配示意图

(1)准备工作。测绘前需要对减速器的相关知识进行全面了解,通过观察了解减速器的基本构成,并准备好拆卸工具如螺钉旋具、扳手等。如果是测绘工程应用中的减速器,还需要了解减速器中是否还有润滑油,拆卸时需要将里面的润滑油排干净。拆卸过程中遇到的问题,做好记录。

(2)分析减速器的拆装顺序,测量总长、总高、总宽等外轮廓尺寸和主要零件间的相对位置(如两啮合齿轮的中心距、中心高等),为画装配图提供依据。

(3)可以在拆卸前画出装配示意图的初稿,然后边拆卸边补充完善,最后画出完整的装配图,如图 6-3 所示。

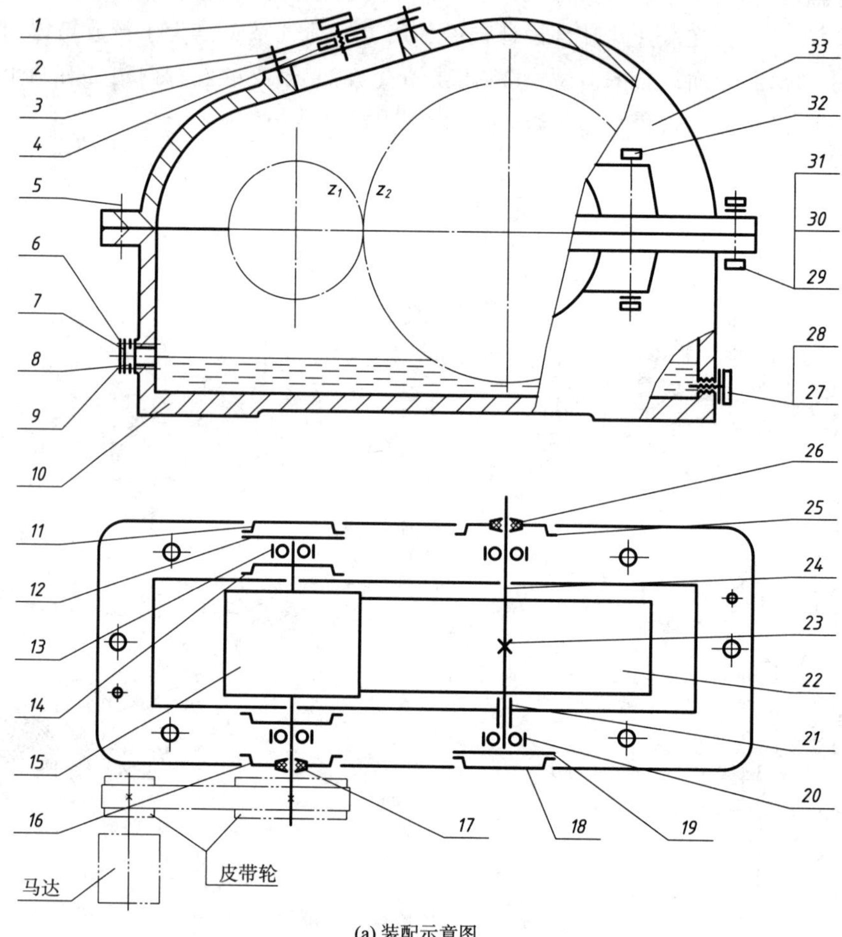

(a) 装配示意图

图 6-3 齿轮减速器装配示意图

序号	名　　称	数量	材　料	备　注
33	箱　盖	1	HT200	
32	螺　栓　M8x65	4	Q235-A	GB/T 5782—2016
31	螺　母　M8	6	Q235-A	GB/T 6170—2015
30	垫　圈　8	6	Q235-A	GB/T 97.1—2002
29	螺　栓　M8x25	2	Q235-A	GB/T 5782—2016
28	垫　片	1	石棉橡胶纸	
27	螺　塞　M10x1	1	Q235-A	
26	挡油毡圈	1	毛　毡	
25	端　盖	1	HT150	
24	轴	1	45	
23	平　键　10x22	1	45	GB/T 1096—2003
22	齿　轮	1	HT200	
21	套　筒	1	15	
20	滚动轴承　6206	2		GB/T 276—2013
19	调整环	1	Q235-A	
18	端　盖	1	HT150	
17	挡油毡圈	1	毛　毡	
16	端　盖	1	HT150	
15	齿轮轴	1	45	
14	挡油环	2	Q235-A	
13	滚动轴承　6204	2		GB/T 276—2013
12	调整环	1	Q235-A	
11	端　盖	1	HT150	
10	箱　体	1	HT200	
9	螺　钉　M3x10	7	Q235-A	GB/T 67—2016
8	垫　片	1	红纸板	
7	油面指示片	1	有机玻璃	
6	视油孔盖	1	Q235-A	
5	圆锥销　A4x18	2	45	GB/T 117—2000
4	螺　母　M10	1	Q235-A	GB/T 6170—2015
3	垫　片	1	石棉橡胶纸	
2	小　盖	1	Q235-A	
1	通气塞	1	Q235-A	

齿轮减速箱		比例		
		件数		
制图		重量		共　张　第　张
描图				
审核				

(b) 明细栏

图 6－3　齿轮减速器装配示意图(续)

6.3　齿轮减速箱的拆卸步骤

拆卸时做好记录,如表 6－1 所示。步骤如下:

(1)用扳手拆下左右两边的短螺栓连接件,再拆卸中间的长螺栓连接件。

(2)用锤子轻敲左右两边的定位销,使减速器的箱盖和箱体慢慢分离开来。拧下放油螺塞,排放干净箱体内的润滑油,拆出端盖和挡油毡圈。

(3)拆下主动轴,然后分别拆下滚动轴承、挡油环、调整环等。

(4)拆下从动轴,然后分别拆下从动轴上的滚动轴承、套筒、调整环、齿轮和键等。

(5)用螺钉旋具拆下油面观察窗的三个螺钉,再拆下视油孔压盖、油面指示片和垫圈等。

(6)拆下箱盖顶端通气塞部分组件。

Flash

齿轮减速器的拆装

表 6－1　齿轮泵拆卸记录

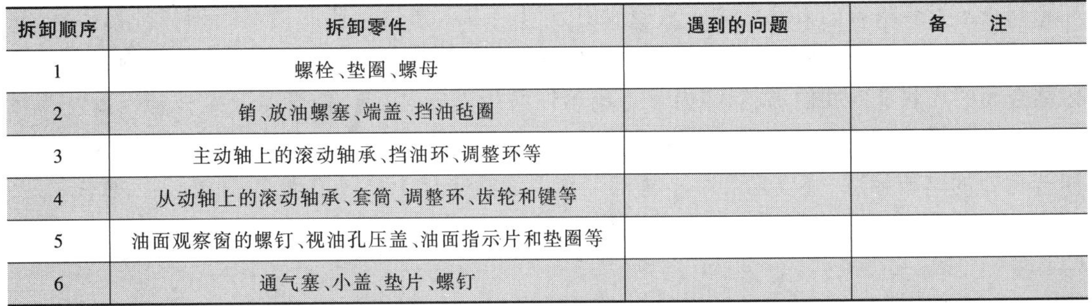

拆卸顺序	拆卸零件	遇到的问题	备　注
1	螺栓、垫圈、螺母		
2	销、放油螺塞、端盖、挡油毡圈		
3	主动轴上的滚动轴承、挡油环、调整环等		
4	从动轴上的滚动轴承、套筒、调整环、齿轮和键等		
5	油面观察窗的螺钉、视油孔压盖、油面指示片和垫圈等		
6	通气塞、小盖、垫片、螺钉		

6.4 绘制齿轮减速器零件草图

将齿轮减速器所有零件拆卸下来后，对其非标准零件，需要绘制其零件草图。

6.4.1 测绘箱体

1. 箱体的作用和结构特点

箱体类零件是机械设计中常见的一类零件，箱体类零件的内外形均较复杂，主要结构是由均匀的薄壁围成不同形状的空腔，空腔壁上还有多方向的孔，以达到容纳和支承的作用。另外，具有肋、凸台、凹坑、铸造圆角、拔模斜度等常见结构。加工部位多，加工难度大，既有精度要求较高的孔系和平面，也有许多精度要求较低的紧固孔，如图 6－4 所示。箱体是减速器的基础零件，它将减速器中的轴、齿轮、挡油环、滚动轴承等零件组装成一个整体，使它们之间保持正确的相互位置。箱体的多个表面需要进行切削加工，其加工质量将直接影响机器或部件的精度、性能和寿命。箱体必须具有足够的强度和刚度，以免引起齿轮齿宽上载荷分布不均匀。为了增加箱体的刚度，通常在箱体上制出筋板。

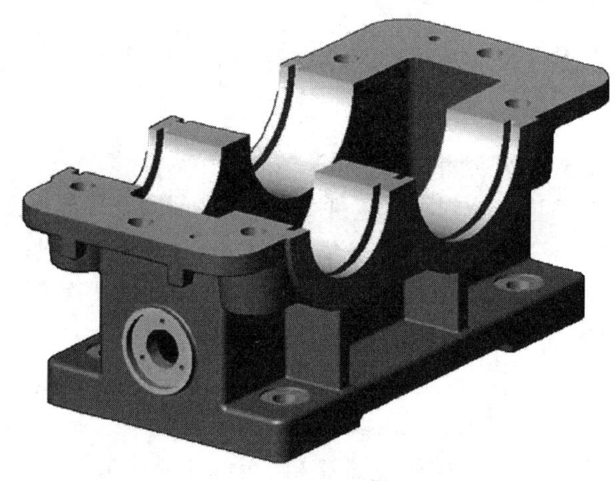

图 6－4　箱体

2. 选择视图

箱体属于箱壳类零件，确定主视图时首先按其工作位置放正，再选择形状特征明显的方向即轴孔正对着观察者的方向作为主视图投射方向。为了表达箱体的内部结构和外部形状，主视图要采用局部剖视来表达，还要增加一个俯视图和一个左视图。俯视图主要是为了表达箱体结合面的形状及内腔的形状，以及表达出箱体底板上安装沉孔的形状及定位情况。左视图采用半剖视图来表达，剖视部分主要用于座孔及加强筋的结构，视图部分主要表达箱体上油孔盖处的结构形状，还要增加一个局部剖视图表达箱体上螺栓孔处的凸台形状，如图 6－5 所示。

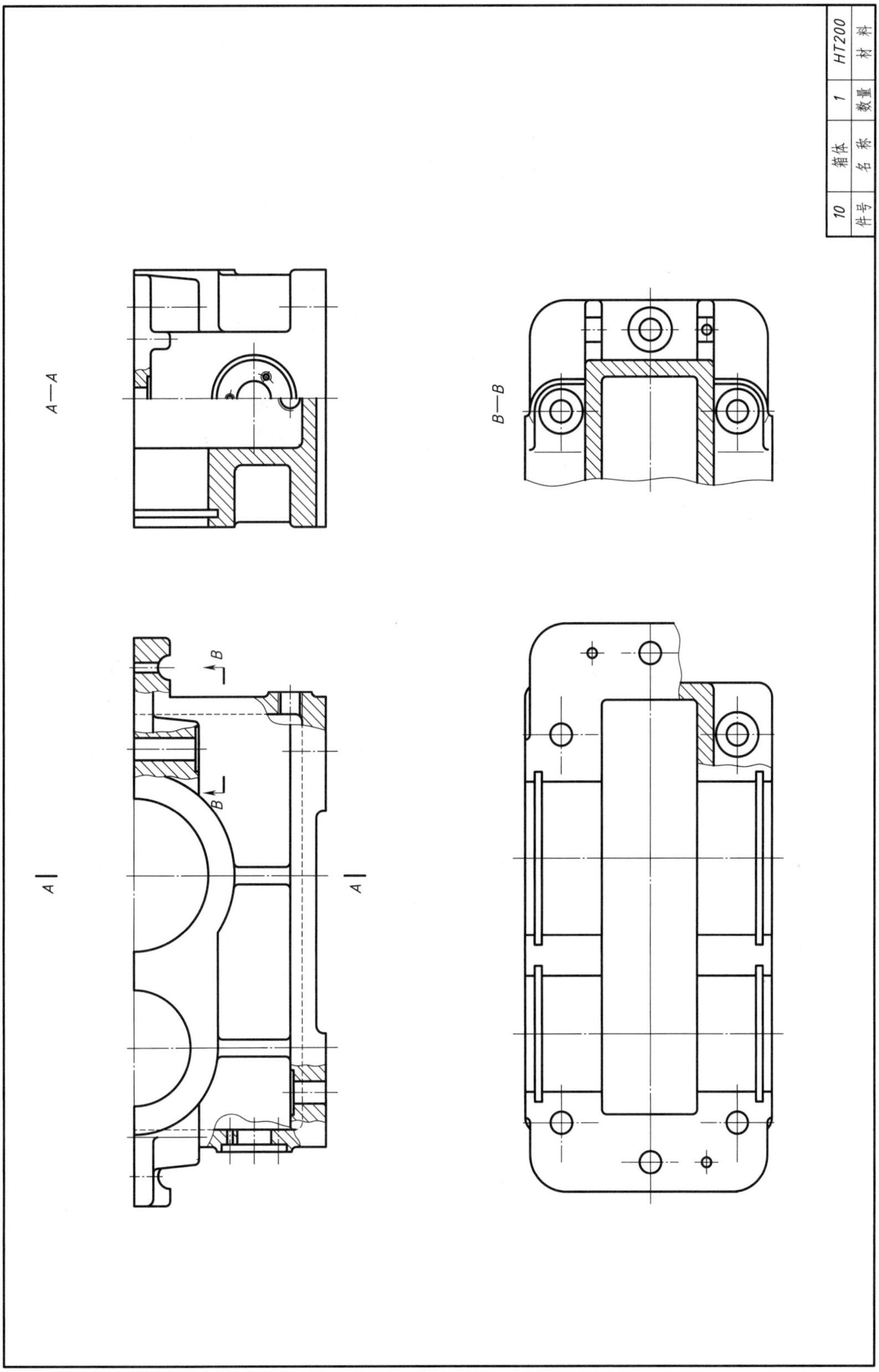

件号	名称	数量	材料
10	箱体	1	HT200

A—A

B—B

图 6－5　箱体零件的视图表达

3. 标注尺寸

1)测量箱体的尺寸

箱体类零件的体形较大,结构较复杂,且非加工面较多,常采用钢直尺,钢卷尺,内、外卡钳,游标卡尺,游标深度尺,游标高度尺,内、外径千分尺,游标万能角度尺,圆角规等量具,并借助检验平板、方箱、直角尺、千斤顶和检验心轴等辅助量具进行测量。

孔轴线到基准面的距离常借助检验平板、等高垫块,用游标高度尺或量块和百分表进行测量。另外,两孔间的中心距可以用游标卡尺、心轴进行测量,直径较大时,直接用游标卡尺的下量爪测出孔壁间的最小距离,或用游标卡尺的上量爪测出孔壁间的最大距离,计算出中心距。孔径较小时,可在孔中插入心轴,用游标卡尺测出计算出两孔间的中心距。对于支承啮合传动副传动轴两孔间的中心距离,应符合啮合传动中心距的要求。

凸缘的结构形式很多,有些由于毛坯加工所致极不规则,测绘时应对不规则形状进行区分(是属于加工缺陷,还是结构要求所致),然后再采用拓印法或软铅拓形法测绘。

测量内环形槽直径时,可以用弹簧卡钳和带刻度卡钳来测量,另外还可以用印模法,即把石膏、石蜡、橡皮泥等印模材料铸入或压入环形槽中,拓出阳模,取出后测出凹槽深度,即可计算出环形槽的直径尺寸。对于短槽,还可以测出其长度尺寸。内槽的长度尺寸可以用钩形游标深度尺进行测量。

2)尺寸标注

应合理选择尺寸基准,箱体零件长度方向的尺寸基准是左边小座孔的轴线,高度方向的基准是箱体底面,宽度方向的基准是前后对称的对称中心面。确定好三个方向的主要基准后,再用形体分析法逐个标注出各部分的形状和位置尺寸,注意重要的尺寸应直接注出,标准化的结构应按标准化结构和尺寸系列确定。

4. 注写技术要求

箱体零件结构较复杂,制造时一般先采用铸造,然后再对部分结构再进行切削加工。根据对箱体零件测量结果及箱体零件各表面的作用,确定各表面粗糙度值。例如,大小座孔需要装滚动轴承、端盖和调整环等零件,需要进行切削加工,并且精度要求也较高,其表面粗糙度值可选取 $Ra3.2$;视油窗处的孔需要切削加工,其表面粗糙度可以选取 $Ra12.5$;箱体底面也需要切削加工,其表面粗糙度也可以选取 $Ra12.5$;螺栓孔表面也需要切削加工,表面粗糙度选取 $Ra6.3$。形位公差要求方面,主要考虑主要孔的圆度公差或圆柱度公差,孔系之间的平行度、同轴度或垂直度的公差,主要平面的平面度公差,主要平面间的平面度、垂直度公差,孔对基准面的平行度、垂直度公差等。

5. 确定材料及热处理

箱体零件结构较复杂,一般需要采用铸造的方法进行制造,其材料就可以选用灰口铸铁。箱体要承载其他零件,需要有较高的强度,其材料可选取 HT200,铸件不得有裂纹、缩孔等缺陷,并进行人工时效处理,以提高箱体的整体使用性能。

完成箱体零件图,如图 6 - 6 所示。

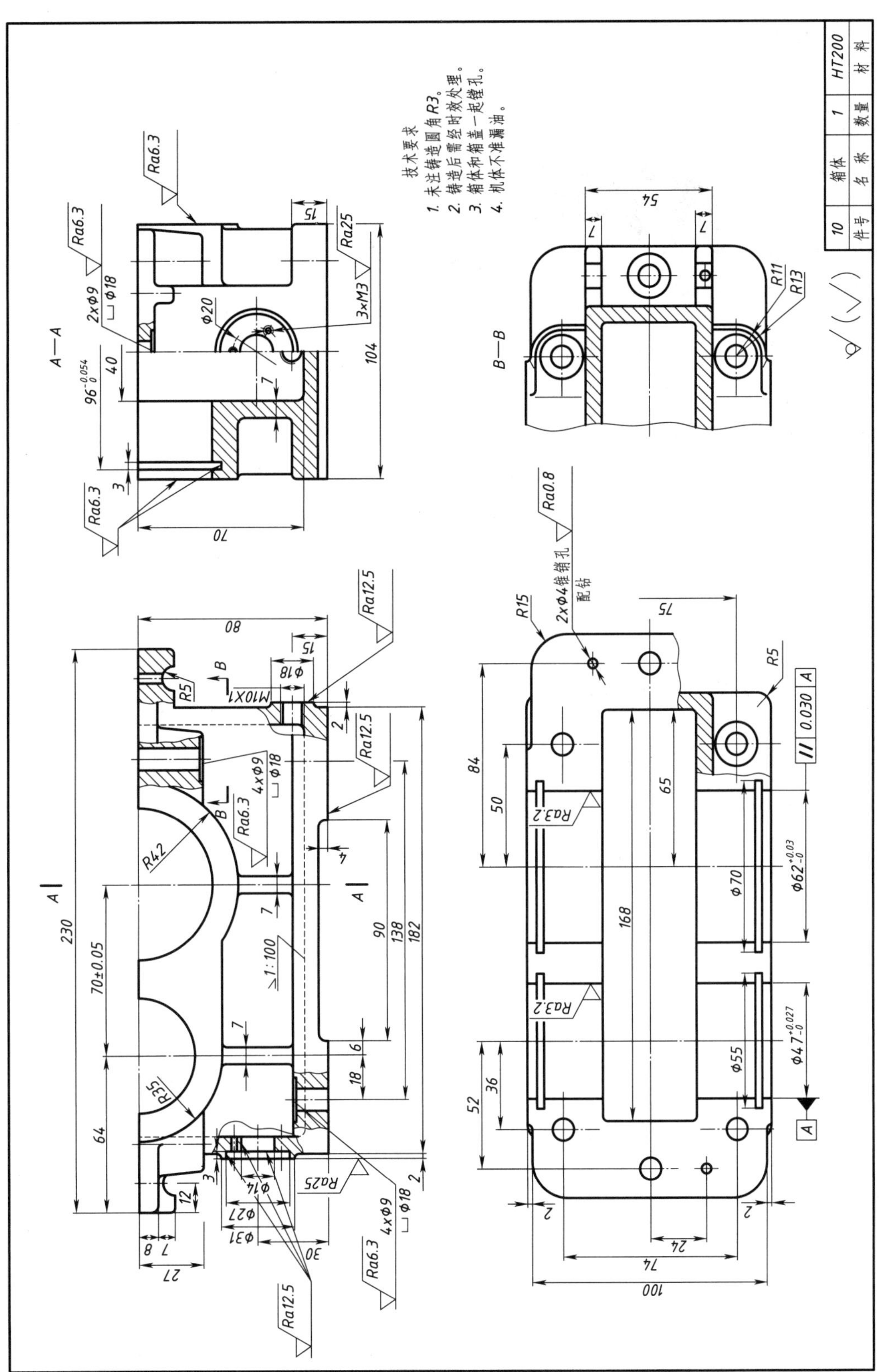
技术要求
1. 未注铸造圆角R3。
2. 铸造后需经时效处理。
3. 箱体和箱盖一起镗孔。
4. 机体不准漏油。
A—A
B—B
10 | 箱体 | 1 | HT200
件号 | 名称 | 数量 | 材料

图6－6　箱体零件图

6.4.2 测绘箱盖

1. 箱盖的结构特点

图 6-7 箱盖零件立体图

图 6-7 所示的箱盖零件内外形状结构较复杂。与箱体结构类似,壁薄且不均匀,有内腔,加工部位多,加工难度大。下端是与箱体接触的结合面,上端是安装排气装置的方形孔结构,左右两边有螺栓孔。轴孔上端还有肋板结构,以保证轴孔处薄壁结构的强度要求。

2. 选择视图

箱盖主视图,按工作位置放正,为了表达箱盖上的方形孔、螺栓孔和销孔结构,可以选取局部剖视图进行表达。俯视图需要表达箱盖的外形,所以采用视图来表达。左视图需要表达两处座孔的结构,采用阶梯剖视图来表达。箱盖顶端方形孔的形状也需要表达清楚,采用 B 向斜视图。箱盖的视图表达如图 6-8 所示。

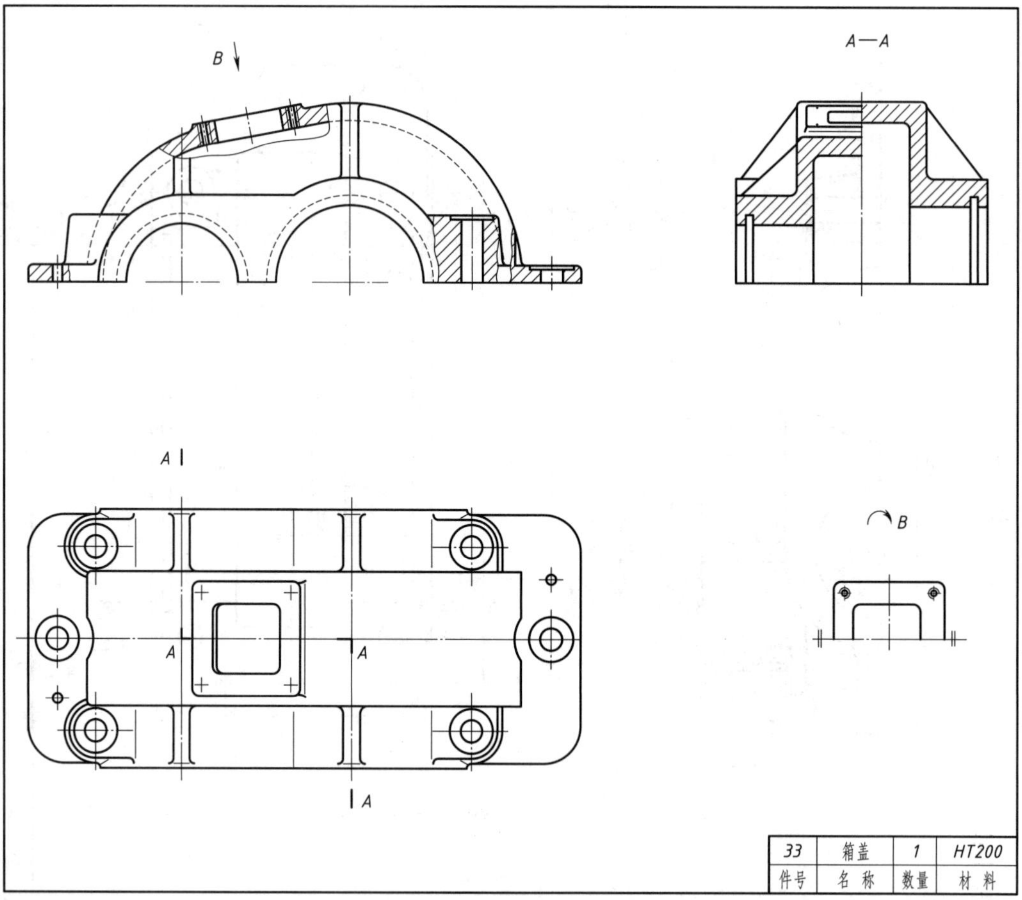

33	箱盖	1	HT200
件号	名称	数量	材料

图 6-8 箱盖零件的视图表达

3. 标注尺寸

箱盖尺寸测量方法参考箱体的测量。尺寸标注时先要确定箱盖长宽高三个方向的主要尺寸基准,然后再对箱盖进行形体分析,利用形体分析法逐个标注出分解后的每个基本立体的定形尺寸和定位尺寸,在零件尺寸标注要求正确、完整、清晰和合理的基本原则下,完成箱盖零件的尺寸标注。

4. 注写技术要求

箱盖零件结构也较复杂,一般也是通过铸造方法进行生产,然后再对箱盖与箱体的结合面、座孔、螺栓孔、上端方形孔的顶面和销孔进行切削加工。销孔常采用与箱体装配在一起后进行加工,其表面粗糙度可以选取 *Ra*0.8。上端方形孔的顶面要安装垫片,其表面粗糙度可以选取 *Ra*12.5。座孔需要安装其他零件,需要控制其形位误差,以保证安装顺利。

5. 确定材料及热处理

箱盖零件结构也较复杂,其制造的材料也选用灰口铸铁。它也要承载其他零件,需要有较高的强度,材料可选取 HT200,并进行人工时效处理,以提高箱盖的整体使用性能。

6.5　绘制齿轮减速器装配图

6.5.1　齿轮减速器装配图的表达方案

减速器外壳采用了剖分式结构,分为箱体和箱盖两部分。在选取其主视图的投射方向时,主要考虑其工作位置原则,将其放正,表达外形为主。为表示箱体、箱盖用圆锥销定位,用螺栓连接的装配关系,以及透气塞、视油窗、放油孔螺塞等减速箱附件的结构和装配关系,采用多处局部剖视。为了表达出输入轴和输出轴上各零件的装配关系,还需要一个俯视图。拆卸箱盖等零件后沿箱体和箱盖的结合面处进行剖切,表达传动路线和齿轮减速器工作原理,表达输入轴、输出轴、轴承组合(滚动轴承、套筒、端盖、密封、调整环和挡油环)、齿轮等各零件的装配关系和形状特征。轴应按不剖画。为表达齿轮啮合,对齿轮轴的啮合区采用局部剖,箱体一角局部剖切,以看到底板的安装孔,便于注安装尺寸。

6.5.2　绘制齿轮减速器装配图

先画主要零件的轮廓线,细节结构可先不画。画某一部分的某个视图时,要兼顾其他视图,保证其投影关系的正确性。画剖视图时要尽量从主要装配线入手由内向外逐个画出。

(1)确定绘图比例、图幅并合理布置视图,画出主要基准线,如图 6-9 所示。

选择 A2 图纸幅面,采用 1:1 的绘图比例。在图纸上留出标尺寸、绘制明细表等的空间之后,根据表达方案、装配体的总体尺寸等,合理进行视图布局。

(2) 绘制减速器主视图中箱体和箱盖的轮廓线,俯视图中箱体的主要轮廓线、箱体内壁线,注意箱体的主视图和俯视图的投影关系,如图 6-10 所示。

(3)画齿轮轴轮廓线,齿轮在箱体内位置应居中,先绘制带轮齿的轴段,小齿轮的中心线与箱体对称线对齐,如图 6-11 所示。

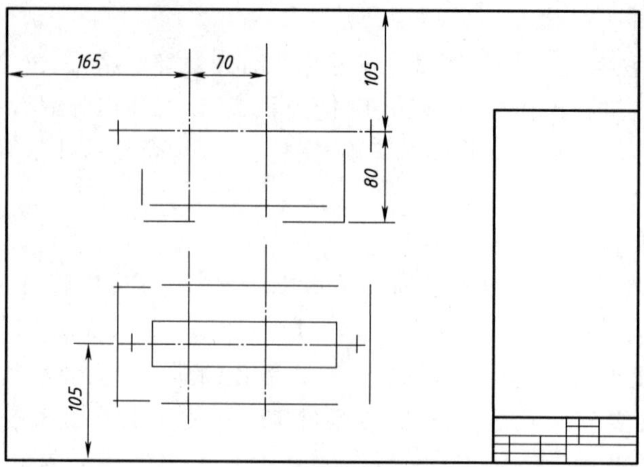

图 6－9　减速器装配图的布图

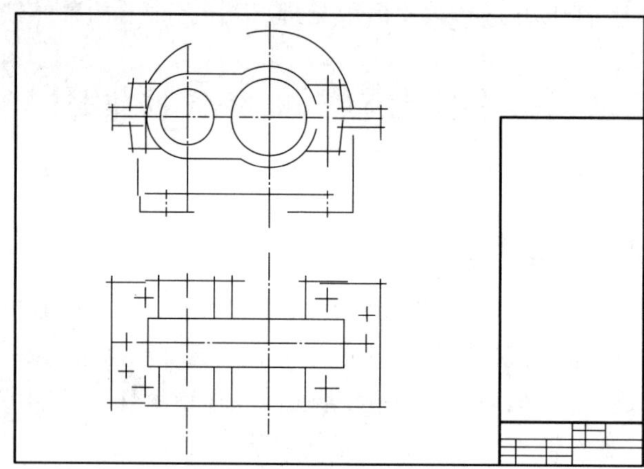
图 6－10　绘制减速器的部分主要零件

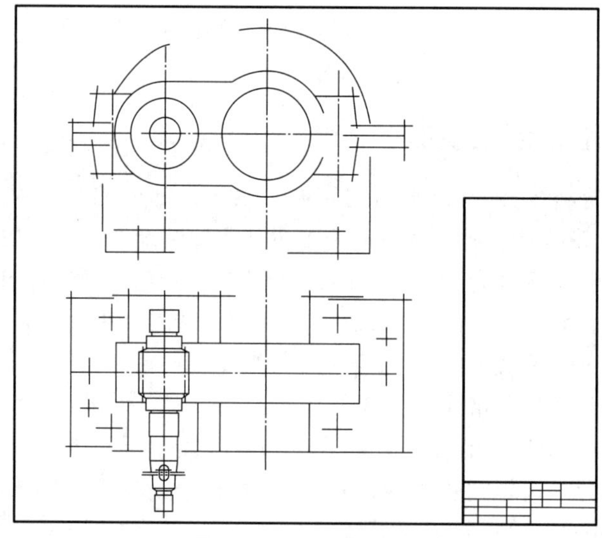
图 6－11　绘制输入轴

(4)画从动轴。轴向定位以齿轮位置为依据,细节结构可先不画,只画大致轮廓。中间部分有键槽结构的轴段是要安装大齿轮的,齿轮要安装在箱体内腔的正中间,为了保证大齿轮的安装位置,在画输出轴中间轴段时要注意其定位轴肩的画图位置,如图 6－12 所示。

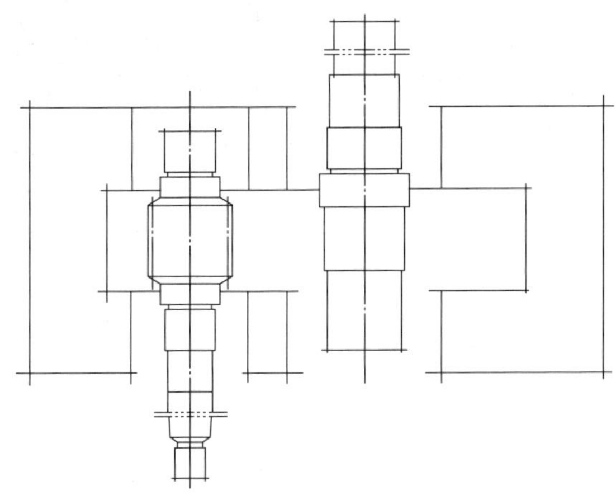

图 6－12　绘制从动轴

(5)绘制输入轴上的其他零件。先绘制一端的挡油环和滚动轴承,定出滚动轴承的位置及轮廓尺寸。通过测量和查标准确定输入轴轴承的尺寸:外径为 46 mm,“04”内径为 20 mm,宽度为 14 mm。轴承型号是 6204,“6”表示类型,深沟球轴承,“2”表示窄系列;输出轴轴承的尺寸:外径为 62 mm,内径 30 mm,宽度为 16 mm,型号是 6206 的深沟球轴承。

(6) 再绘制调整环和闷盖零件,以及另一端的挡油环、滚动轴承和透盖零件。

(7)绘制输出轴上中间部分的大齿轮。

(8)绘制套筒和滚动轴承,调整环和闷盖等零件及输出轴另一端的零件,如滚动轴承和透盖等。需要注意的是,透孔端盖孔径大于轴径,与轴不接触,要画两条线。

(9) 绘制俯视图的细节部分,包括箱体上的螺栓孔、销孔和底板上的安装沉孔,以及滚动轴承的表达。透孔端盖的槽内装入毡圈,注意毡圈的孔与轴接触,起密封作用,接触面画一条线。注意轴的折断画法及各零件剖视后的剖面线的绘制方法等。

(10)绘制主视图的细节部分。完成输入轴、端盖等零件的主视图图线,并绘制主视图中需要进一步表达的结构,如透气塞组件、视油窗组件、螺栓连接组件、销结构和放油塞组件等,这几处地方一般采用局部剖视图进行表达。

(11)标注尺寸,编零件序号,填写明细表、标题栏和技术要求。在装配图上只需标注必要的尺寸,包括性能尺寸、装配尺寸、安装尺寸、外形尺寸和其他重要尺寸。减速器装配图上的技术要求主要考虑输入和输出轴上各零件的安装或装配要求,还要考虑齿轮的润滑以及滚动轴承的润滑,此外,减速器外部要求防锈处理等。

(12)检查、描深,完成完整的齿轮减速器装配图,如图 6－13 所示。绘制减速器零件工作图部分略。

技术要求

1. 安装时在轴承内涂上适量的3号钙基油脂。
2. 安装调整片时，滚珠轴承轴向间隙应调整到0.005~0.1 mm。
3. 齿轮的最小间隙为Cn=0.105 mm。
4. 齿轮表面接触斑点，沿齿高不小于50%，沿齿长不小于70%。
5. 箱内注入40号机油，油面高度应在油面指示片中心。

序号	名称		数量	材料	备注
33	箱盖		1	HT200	
32	螺栓	M8x65	4	Q235-A	GB/T 5782—2016
31	螺母	M8	6	Q235-A	GB/T 6170—2015
30	垫圈	8	6	Q235-A	GB/T 97.1—2002
29	圆锥销	A4x18	2	45	GB/T 117—2000
28	垫片		1	石棉橡胶纸	
27	螺塞	M10x1	1	Q235-A	
26	挡油毡圈		1	毛毡	
25	端盖		1	HT150	
24	轴		1	45	
23	平键	10x22	1	45	GB/T 1096—2003
22	齿轮		1	HT200	
21	套筒		1	15	
20	滚动轴承	6206	2		GB/T 276—2013
19	调整环		1	Q235-A	
18	端盖		1	HT150	
17	挡油毡圈		1	毛毡	
16	端盖		1	HT150	
15	齿轮轴		1	45	
14	挡油环		2	Q235-A	
13	滚动轴承	6204	2		GB/T 276—2013
12	调整环		1	Q235-A	
11	端盖		1	HT150	
10	箱体		1	HT200	
9	螺钉	M3x10	7	Q235-A	GB/T 67—2016
8	垫片		1	红纸板	
7	油面指示片		1	有机玻璃	
6	视油孔盖		1	Q235-A	
5	螺栓	M8x25	2	Q235-A	GB/T 5782—2016
4	螺母	M10	1	Q235-A	GB/T 6170—2015
3	垫片		1	石棉橡胶纸	
2	小盖		1	Q235-A	
1	通气塞		1	Q235-A	

齿轮减速箱		比例		
		件数		
制图		重量		共 张 第 张
描图				
审核				

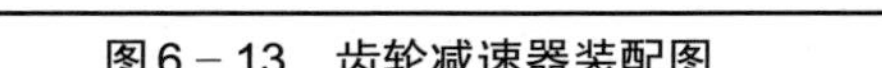

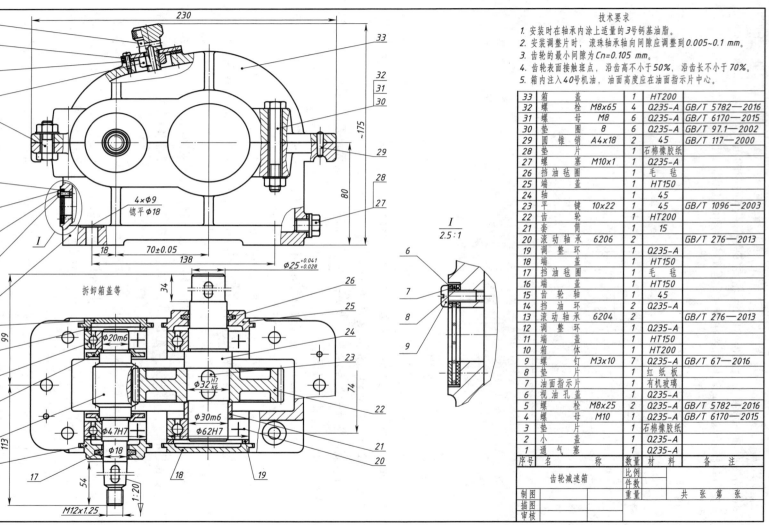

图6－13　齿轮减速器装配图

6.6 答　　辩

答辩参考题如下：

(1)简述齿轮减速箱的作用与工作原理。

(2)齿轮减速箱装配图采用了哪些表达方法？说明各视图的表达重点。

(3)组成齿轮减速箱的各个零件的名称和作用、相邻零件的装配关系。举例说明装配图的规定画法。该部件有多少个零件组成？标准件有几种和几个？

(4)齿轮减速箱箱体与箱盖是靠什么连接和定位的？说出材料和规格尺寸。

(5)齿轮减速箱的主体零件是哪一个？其名称、序号、数量、材料是什么？

(6)齿轮减速箱有哪些连接零件？有哪些密封零件？

(7)主动齿轮轴上有几个零件？说出其装配连接关系和作用。

(8)齿轮减速箱中通气塞的作用是什么？

(9)说明齿轮减速箱中的齿轮是什么类型的齿轮？齿数、模数是多少？两齿轮中心距是多少？说出单个齿轮和两个齿轮啮合的规定画法。

(10)装配图需标注哪几种尺寸？齿轮减速箱中所标注的尺寸各属于哪一种？

(11)我国的极限与配合二种配合制度是什么？有哪三种配合？轴孔配合标注中字母和数字的意义是什么？解释尺寸“32H7/h6”的含义。

(12)齿轮减速箱在装配完成后需达到哪些要求？

(13)序号、明细表的编写要求。

(14)零件图中包含哪几项内容？装配图中包含哪几项内容？零件图和装配图的区别是什么？

(15)符号“ ◁ 1∶20”表示什么含义？“M12 × 1.25”的含义是什么？

(16)螺塞的作用是什么？

(17)箱内应注入多少号机油，油面高度应在什么位置？

(18)齿轮减速箱的拆卸顺序是怎样的？

(19)说明齿轮的测绘方法。

(20)说明螺纹的测绘方法。

第 7 章
回油阀的测绘

7.1 回油阀的工作原理和结构

7.1.1 回油阀的工作原理

回油阀是装在柴油发动机供油管路中的一个部件，作用是使剩余的柴油回到油箱中，如图 7 - 1 所示。

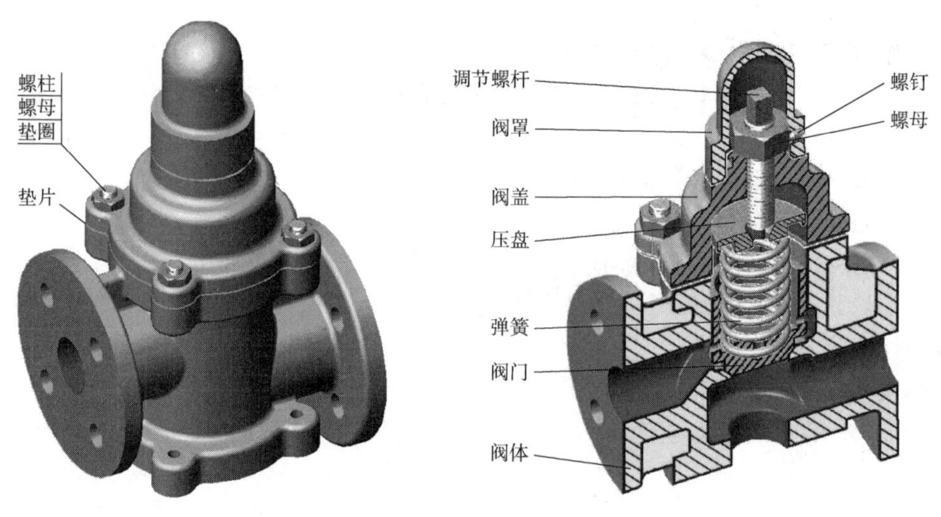

图 7 - 1 回油阀

弹簧的压力使阀门的锥部与阀体的锥形孔接触密闭。正常工作时，油由阀体下端孔流入，从右端孔流出，如图 7 - 2 所示；当主油路获得过量的油并超过允许的压力时，阀门受压抬起，过量油就从阀体和阀门的缝隙中流出，从左端管道流回油箱，如图 7 - 3 所示，使油路系统中油压下降到正常工作压力，确保油路安全。

图 7－2　回油阀正常工作状态

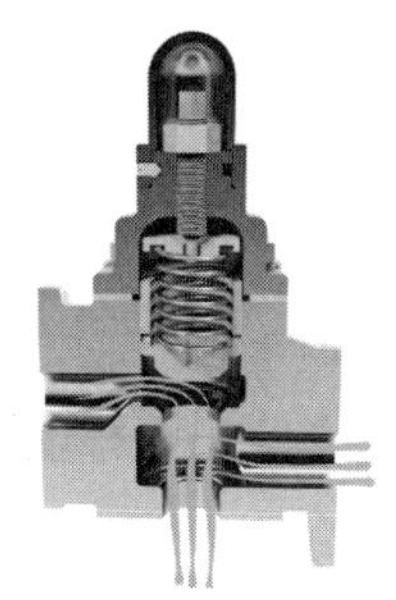

图 7－3　回油阀压力过大状态

7.1.2　回油阀的结构

阀体内腔有三条油路通道。一条与进油管相通，一条与出油管相通，另一条通往回油管路。阀体内装有阀门，靠弹簧的作用，使阀门封住进油口与回油口的通道。阀门的启闭由弹簧控制，弹簧压力的大小由调节螺杆 7 调节；阀体与阀盖之间有垫片，垫片起密封作用；阀体、垫片和阀盖由螺柱、螺母、垫圈连接；阀盖内装有调节螺杆，并与弹簧、压盘相连，松开与调节螺杆连接的螺母，转动调节螺杆，便推动弹簧压盘，并压缩弹簧，起调节弹簧压力作用；阀盖上装有阀罩，用以保护螺杆免受损伤或触动，还有防尘作用，其靠紧定螺钉固定。

阀门中，研磨阀门接触面时，阀门中螺孔的作用是连接带动阀门转动的支承杆和装卸阀门。阀门下部两个横向小孔的作用一是快速溢油，二是不致产生负压，而且当拆卸阀门时可先用一小棒插入横向小孔中，不让阀门转动，然后就能在阀门中旋入支承杆，起卸出阀门。阀体中装配阀门的孔，采用了四个凹槽的结构，可减少加工面，减少阀门运动时的摩擦阻力。

7.2　回油阀的拆装

Flash

回油阀的拆装

1. 回油阀的拆卸

回油阀装配线是阀体的轴线。拆卸时首先拆下螺钉、阀罩；然后拆下螺柱、螺母和垫圈，取下阀盖，拆下螺母、螺杆，即可取出垫片、压盘、弹簧和阀门。回油阀的装配顺序与此相反。

2. 画出回油阀装配示意图

装配示意图表达了回油阀工作原理和各零件的装配关系等，如图 7－4 所示。

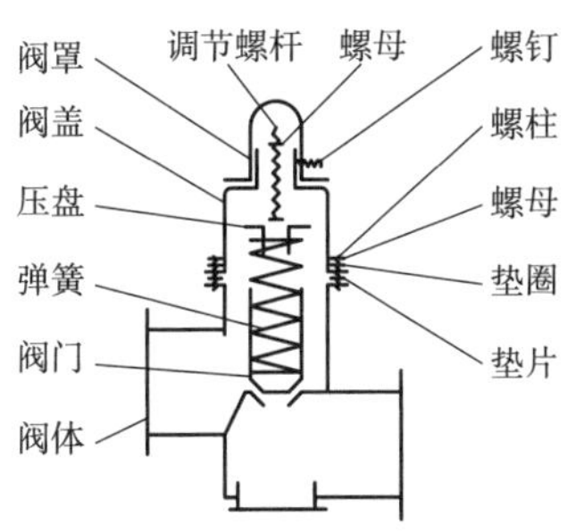

图 7－4　回油阀装配示意图

7.3 绘制零件草图和装配草图

回油阀由 13 种零件组成,其中,标准件有 5 种,如双头螺柱、螺母、垫圈等,标准件不需要画零件图,根据相关尺寸,写出标记即可。其余为专用件,都需要测绘零件草图,应按零件测绘要求完成。

1. 测绘阀体

阀体属于箱体类零件,如图 7-5 所示,内外结构均需表达,内部有进出油孔、容纳阀门、弹簧等零件的空腔。主视图按工作位置放置,采用全剖表达内部结构,上下左右端面的形状、孔的大小和位置用简化画法表达局部外形,采用重合断面表达肋板的形状。

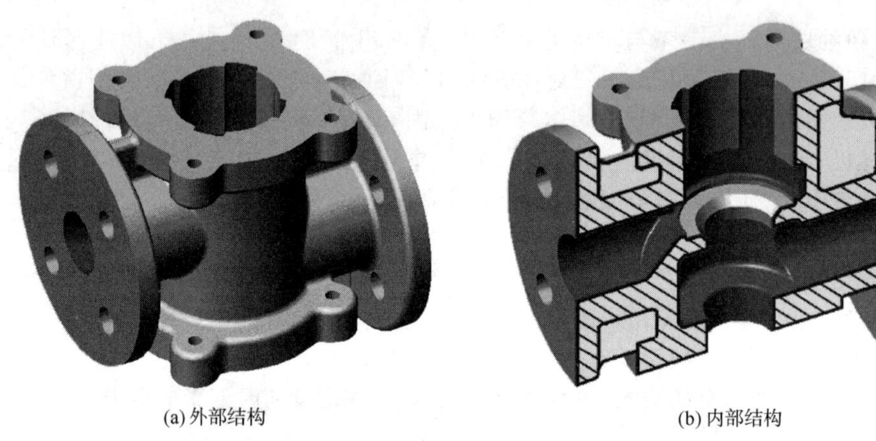

(a) 外部结构　　(b) 内部结构

图 7-5　阀体结构

(1)测量并标注尺寸。采用一般的测量工具和方法即可完成各尺寸的测量。选择阀体孔轴线作为长度方向的尺寸基准,下端面作为高度方向的尺寸基准,标注和测量各部分尺寸。

(2)技术要求的确定。由于阀体为铸件,所以除与其他零件的接触面需要机加工,有表面粗糙度要求之外,不加工面为毛坯面。阀门与阀体 ϕ34 mm 孔配合,有相对运动,采用间隙配合,ϕ34 mm 孔表面粗糙度建议选用 Ra0.8,其余机加工面可以选取 Ra6.3 或 Ra12.5。

(3)材料的确定。阀体为铸件,工作中受力不大,一般选用中等强度的灰铸铁,如 HT150,完成阀体草图,如图 7-6 所示。

2. 测绘阀盖

阀盖属于盘盖类零件,主视图按工作位置放置,采用全剖表达内部结构,再用仰视图表达端面上的孔,如图 7-7 所示。

(1)测量并标注尺寸。阀盖结构比较简单,采用一般的测量工具和方法即可完成各尺寸的测量。为保证阀体阀盖之间的连接和装配精度,选择 ϕ35 mm 孔轴线作为长度方向的尺寸基准,下端面作为高度方向的尺寸基准,标注和测量各部分尺寸。

(2)技术要求的确定。由于阀盖为铸件,所以除与其他零件的接触面需要机加工,有表面粗糙度要求之外,不加工面为毛坯面。机加工面可以选取 Ra6.3 或 Ra12.5。

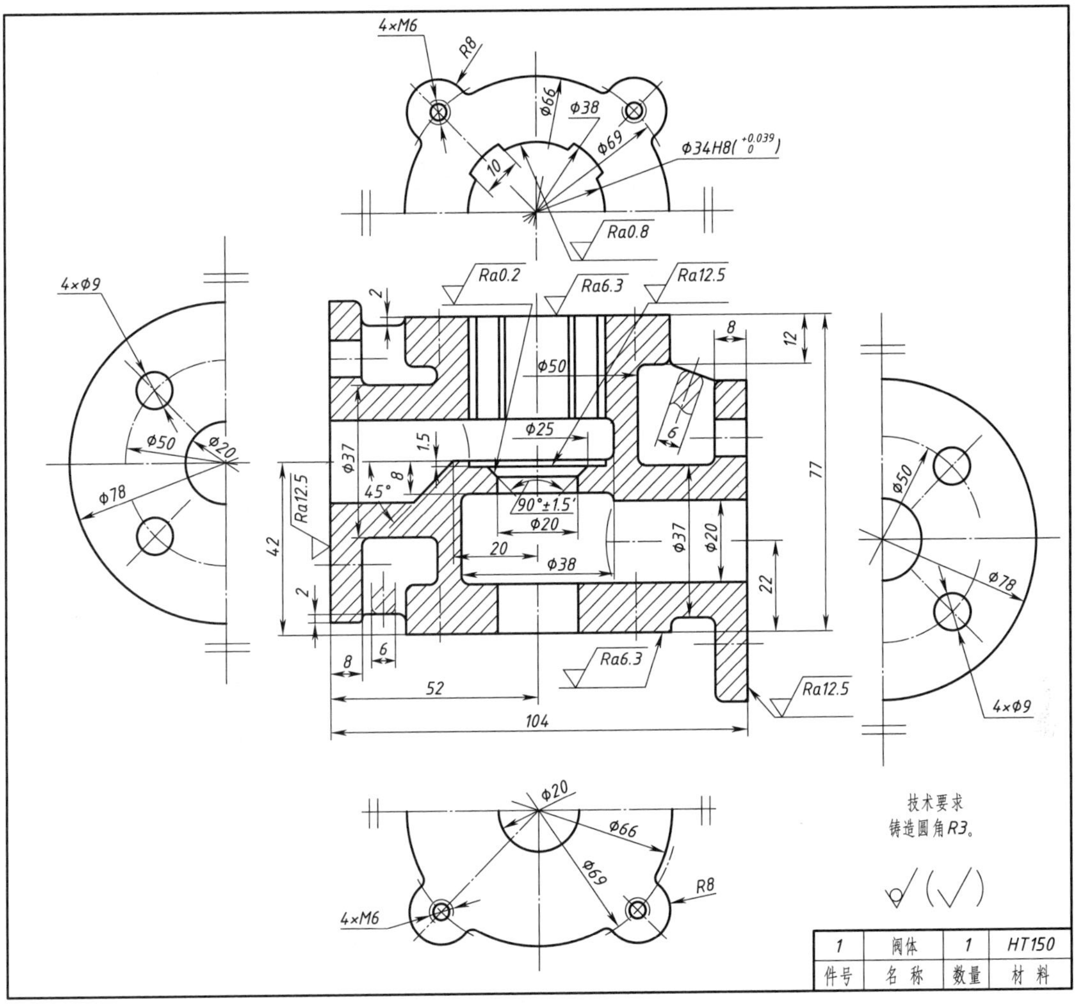

技术要求
铸造圆角R3。

1	阀体	1	HT150
件号	名 称	数量	材 料

图 7-6　阀体零件图

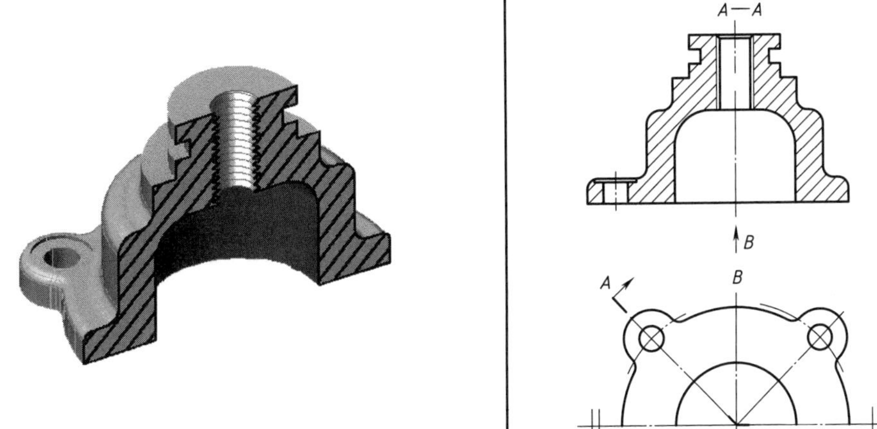

图 7-7　阀盖零件结构及视图表达

(3)材料的确定。阀盖为铸件,工作中受力不大,一般选用中等强度的灰铸铁,如 HT150,完成阀盖草图。

其他零件测绘略。

7.4 绘制回油阀装配图

根据回油阀的装配简图和零件草图,选择合适的表达方案,用 A3 图纸 1:1 比例绘制装配图,再整理画出零件工作图。

7.4.1 回油阀装配图的表达方案

基本视图应不少于 2 个,装配图的主视图采用工作位置能清楚地反映主要装配关系,并尽可能反映工作原理,采取合适的剖视表达回油阀装配关系,通常采用剖视图。其余视图主要补充主视图未表达清楚的部分,进一步表达装配关系,表达主要零件的主要形状或部分工作原理。

1. 选择主视图

(1)按工作位置放置主视图。

(2)全剖视图可表达工作原理和各零件之间的装配关系。

2. 确定其他视图

(1)俯视图用半剖,沿阀体与垫片的结合面剖切,表达回油阀内外部形状。

(2)局部放大图表达阀盖与阀体的连接部分。

(3)采用两个局部视图,表达各法兰的形状以及上面的安装孔。

7.4.2 绘制装配图应注意的问题

(1)画底稿时应用淡、细线条画。先画主要零件,后画次要零件;以一个视图为主,兼顾其他视图;画剖视图时要尽量从主要装配线入手由内向外逐个画出;回油阀应画成关闭位置,即阀门圆锥面与阀体圆锥孔表面紧密配合。

(2)注意铸造件中过渡线的画法。圆弧连接应光滑,零件上的小圆角、倒角等工艺结构在装配图中可简化不画。弹簧的画法请阅读第 3 章常用件和标准件的测绘内容。

(3)俯视图为半剖视图,一半表达装配体和螺柱连接外形,一半表达内部结构。注意外螺纹画法;剖开后弹簧阀门等轮廓可见,应画出。

(4)采用局部放大图。螺柱连接部分在主视图中表达的不够清楚,另外采用放大比例画出。注意剖面线的方向;注意内、外螺纹规定画法和内外螺纹旋合画法。

(5)采用局部视图。*A* 向局部视图表达进油口的端面形状,*B* 向局部视图表达出油口和回油孔的端面形状,注意螺纹孔的画法。

(6)标注尺寸,包括性能尺寸、装配尺寸、安装尺寸、外形尺寸和其他重要尺寸。性能尺寸有三个进、出油孔尺寸 $\phi20$;装配尺寸有阀门与阀体为间隙配合 H8/e8;安装尺寸有进油口、出油口及回油口端面的安装孔直径尺寸及孔的定位尺寸;外形尺寸有阀体的长度尺寸,阀体安装面的外径尺寸及装配体的高度尺寸。

(7)技术要求。正常工作时,阀门关闭,无漏油现象;压力超过允许值时,阀门能向上升起;装配后,要进行调试。

回油阀装配图如图 7 - 8 所示。

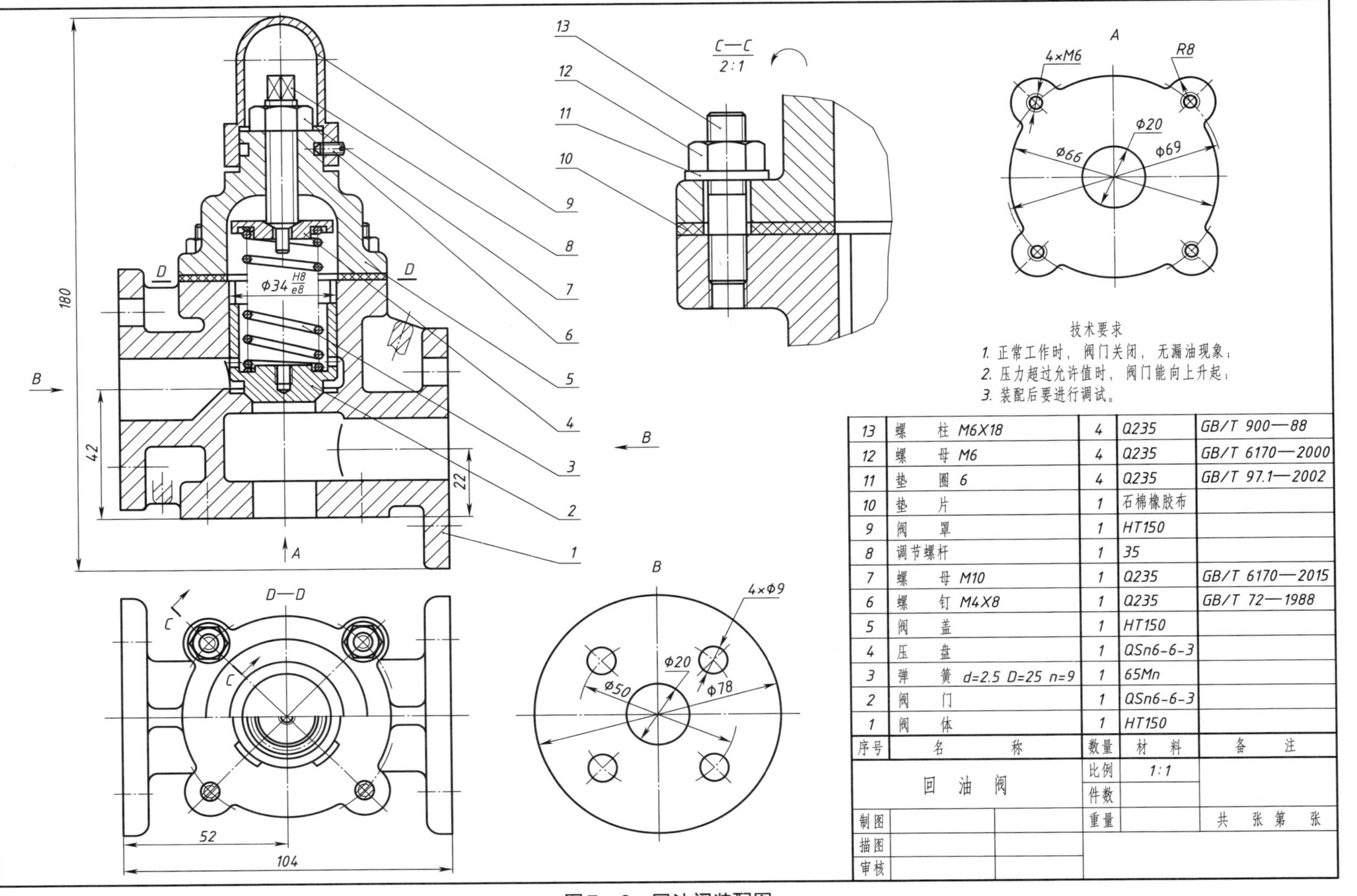

序号	名称	数量	材料	备注
13	螺柱 M6X18	4	Q235	GB/T 900—88
12	螺母 M6	4	Q235	GB/T 6170—2000
11	垫圈 6	4	Q235	GB/T 97.1—2002
10	垫片	1	石棉橡胶布	
9	阀罩	1	HT150	
8	调节螺杆	1	35	
7	螺母 M10	1	Q235	GB/T 6170—2015
6	螺钉 M4X8	1	Q235	GB/T 72—1988
5	阀盖	1	HT150	
4	压盘	1	QSn6-6-3	
3	弹簧 d=2.5 D=25 n=9	1	65Mn	
2	阀门	1	QSn6-6-3	
1	阀体	1	HT150	

回油阀	比例	1:1	
	件数		
制图	重量		共　张　第　张
描图			
审核			

图 7－8　回油阀装配图

7.5 答　辩

答辩参考题如下：

(1)简述回油阀的作用与工作原理。

(2)回油阀装配图采用了哪些表达方法？说明各视图的表达重点。

(3)组成回油阀的各个零件的名称和作用、相邻零件的装配关系。举例说明装配图的规定画法。回油阀有多少个零件组成？标准件有几种，分别有几个？

(4)回油阀阀体与阀盖是靠什么连接的？说出材料和规格尺寸。

(5)回油阀的主体零件是哪一个？其名称、序号、数量、材料是什么？

(6)说明回油阀允许压力的调整方法。

(7)阀罩和阀盖是靠哪个零件连接的？该零件数量是多少？

(8)垫片的作用是什么？

(9)阀体属于哪一类零件？零件图应如何表达？

(10)装配图需标注哪几种尺寸？回油阀中所标注的尺寸各属于哪一种？

(11)我国极限与配合的两种配合制度是什么？有哪三种配合？轴孔配合标注中字母和数字的意义如何？解释尺寸“ϕ34H8/e8”尺寸的含义。

(12)回油阀装配完成后，须满足哪些要求？

(13)序号、明细表的编写要求。

(14)零件图中包含哪几项内容？装配图中包含哪几项内容？零件图和装配图的区别是什么？

(15)说明螺纹的测绘方法。

(16)压盘属于哪一类零件？零件图应如何表达？

(17)调节螺杆属于哪一类零件？零件图应如何表达？

(18)说明阀盖的测绘方法。

(19)说明回油阀的拆卸顺序。

(20)说明调节螺杆的测绘方法。

(21)简述测绘部件的步骤。

第8章 现代测量技术简介

8.1 现代测量技术概述

对于零部件形状的测量，传统方法以采用通用量具和常规测量工具为主，一边测量一边记录测量数据，对于形状结构简单、尺寸精度要求不高的零件具有明显优势；当被测零件内部结构复杂且尺寸较大、尺寸精度要求较高时，传统的测量工具和测量方法则无法达到测量要求。

现代测量技术采用现代测量仪器，运用现代测量手段对零部件进行测量。广义的现代测量是指对零件的形状、尺寸、表面质量、材料等的测量，本章主要指对零件的形状和尺寸的测量。随着计算机技术、传感技术、控制技术和视觉图像技术等相关技术的发展，出现了各种数据获取方法。三维数据获取方法按照测量仪器测量探头是否和零件表面接触，可以分为接触式测量和非接触式测量两大类。接触式测量中应用最广的是三坐标测量机（Coordinate Measuring Machine，CMM），数据获取方法详细分类如图8－1所示。

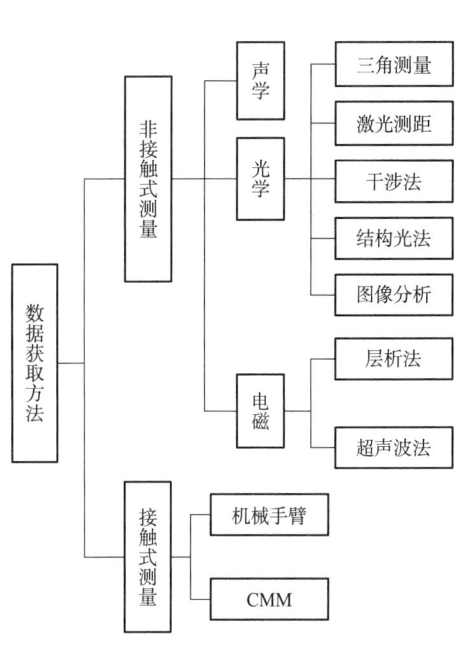

图8－1 数据获取方法分类

逆向工程（Reverse Engineering，RE），又称反求工程或反向工程。逆向工程是将三坐标测量机或扫描仪器等数据采集设备得到的实物样件表面或内腔数据输入专门反求软件中进行处理和三维重构，在计算机上再现原工件的几何形状，并在此基础上进行原样复制、修改或重设计的过程。逆向工程常用于飞机、汽车、玩具、电子业、鞋业、艺术品翻制、铸模、人造皮革、家用电器与模具相关的行业。

8.2 接触式测量

接触式(Tactile Methods)三维数据获取设备是利用测量探头与被测量物体进行接触时触发一个记录信号,并通过相应的设备记录下当时的标定传感器数值,从而获取三维数据信息。接触式测量方法采用三坐标测量机或机械手臂式三坐标测量机进行测量,如图 8-2 所示。

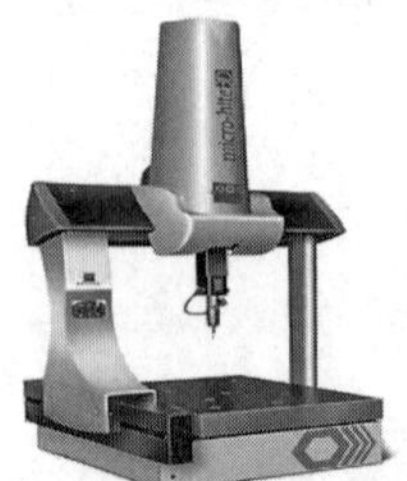

图 8-2 桥式三坐标测量机和机械手臂式三坐标测量机

三坐标测量机具有高准确度、高效率、测量范围大的优点,它不仅可用于测量各种机械零件、模具等的形状尺寸、孔中心距以及各种形状的轮廓,特别适用于测量带有空间曲面的零件。

机械手臂式三坐标测量机(Robot)也属于接触式测量仪。机械手臂为关节式机构,具有多自由度,可用作柔性坐标测量机,传感器可装置在其头部,各关节的旋转角度由旋转编码器获取,由机构学原理可求得传感器在空间的坐标位置。这种测量机几乎不受方向的限制,可在工作空间做任意方向的测量,常用于大型板金模具件逆向建模的测量。

8.2.1 三坐标测量机的组成

三坐标测量机一般由主机床身、测头系统和电子系统三部分组成,如图 8-3 所示。机器相互垂直的三轴构成了一个笛卡尔坐标系,即机器坐标系。测量工件时,测头在工件上取点,并在此坐标系统进行计算从而得出工件相对于机器的位置。机器相互垂直的三轴都配有长度测量系统,能准确测量各轴的移动,并将这些移动值传送至电脑系统,再转化成机器坐标系下的坐标值(X,Y,Z),测量软件再用这些坐标值依据一定的规则进行计算从而实现测量功能。

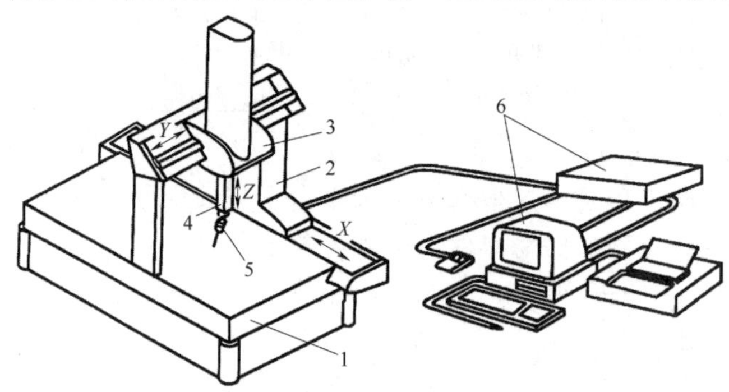

图 8-3 三坐标测量机的组成

1—工作台;2—移动支架;3—中央滑器;4—轴;5—测头;6—电子系统

8.2.2　三坐标测量机的主机结构

三坐标测量机的主机结构如图 8-4 所示。

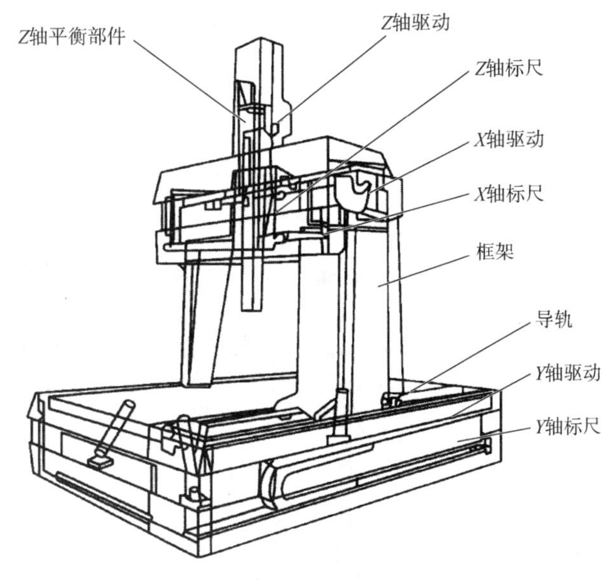

图 8-4　三坐标测量机主机结构

(1)框架结构指测量机的主体机械结构架子。它是工作台、立柱、桥框、壳体等机械结构的集合体。

(2)标尺系统包括线纹尺、精密丝杠、感应同步器、光栅尺、磁尺及光波波长数显电气装置等。

(3)导轨可实现二维运动,多采用滑动导轨、滚动轴承导轨和气浮导轨,其中以气浮导轨为主要形式。气浮导轨由导轨体和气垫组成,包括气源、稳压器、过滤器、气管和分流器等气动装置。

(4)驱动装置实现机动和程序控制伺服运动功能,由丝杠丝母、滚动轮、钢丝、齿形带、齿轮齿条、光轴滚动轮、伺服马达等组成。

(5)平衡部件主要用于 Z 轴框架中,用以平衡 Z 轴的重量,使 Z 轴上下运动时无偏重干扰,Z 向测力稳定。

(6)转台与附件使测量机增加一个转动运动的自由度,包括分度台、单轴回转台、万能转台和数控转台等。

8.2.3　三坐标测量机的软件分类

测量机本体(包括测头)只是提取零件表面空间坐标点的工具,精度除受测量机的硬件部分影响(测量机机械结构、控制系统、测头),还在很大程度上依赖软件。软件可归纳为两种:可编程式和菜单驱动式。可编程式具有程序语言解释器和程序编辑器,用户能根据软件提供的指令对测量任务进行联机或脱机编程,可以对测量机的动作进行微控制;菜单驱动式,用户可通过点菜单的方式实现软件系统预先确定的各种不同的测量任务。

根据软件功能的不同,三坐标测量机测量软件有基本测量软件、专用测量软件和附加功能软件。基本测量软件是坐标测量机必备的最小配置软件,它负责完成整个测量系统的管理;专用测量软件,是指在基本测量软件平台上开发的针对某种具有特定用途的零部件的测量与评价软件,通常包括齿轮、螺纹、凸轮、自由曲线和自由曲面等测量软件,用它替代一些专用的计量仪器,拓展了测量机的应用领域。特定型面如图 8 - 5 所示;附加功能软件,为了增强三坐标测量机的功能,用软件补偿的方法提高测量精度,三坐标测量机还提供有附加功能软件,如附件驱动软件、最佳配合测量软件、统计分析软件、随行夹具测量软件、误差检测软件、误差补偿软件和 CAD 软件等。

图 8 - 5　特定型面

8.2.4　三坐标测量机的测量过程

1. 测头标定

在对工件进行实际检测之前,首先要对测量过程中用到的探针进行校准。

2. 工件找正

三坐标测量机有其本身的机器坐标系,而在进行检测规划时,检测点数量及其分布的确定,以及检测路径的生成等都是在工件坐标系下进行的。因此,在进行实际检测之前,首先要确定工件坐标系在三坐标测量机机器坐标系中的位置关系,即首先要在三坐标测量机机器坐标系中对工件进行找正。

3. 数据测量规划

数据测量规划目的是精确而又高效地采集数据。对产品数据采集的基本原则是沿着特征方向走,顺着法向方向采。就好比火车,沿着轨道走,顺着枕木采集数字信息。这是一般原则,实际应根据具体产品和逆向工程软件来定。

英国 LK 三坐标测量机具有等先进的控制系统,利用 TP200 传感器就可以做到点到点的高速扫描,配合高性能的扫描测量软件模块,成为三坐标扫描测量的典范。

其扫描测量过程包括:

(1)标定机器测头、定位工件的装夹和设定基准,并进行被测对象的内部与外部边界的定义。这些边界的设定将使测量机知道哪些区域需要扫描,同时知道哪些部位需要避开,如孔、槽等部位。

(2)设置对设定的扫描范围进行扫描数据密度及确定扫描的方向，格栅将控制三坐标的测针沿着这些格栅在物体表面上的投影进行测量。

(3)LK 的 CAMIO 逆向测量软件将根据测针的测量数据，在测量窗口上显示边界及格栅的三维点数据。

(4)输出点云数据。

8.3　非接触式测量法

在三维测量中，非接触式测量方法由于其测量的高效性和广泛的适应性而得到了广泛研究，尤其以激光、白光为代表的光学测量方法倍受关注。根据工作原理的不同，光学三维测量方法可被分成摄影测量法、飞行时间法、三角法、投影光栅法、成像面定位法、共焦显微镜法、干涉测量法、隧道显微镜法等。采用不同的技术可以实现不同的测量精度。这些技术的深度分辨率为 103 ~ 106 mm，覆盖了从大尺度三维形貌测量到微观结构研究的广泛应用和研究领域。

8.3.1　光学三维测量技术

1. 激光扫描法

激光扫描法是发展的比较成熟的一种测量方法。一般工作流程为通过同步电动机控制激光器旋转，激光光条随之扫描整个待测物体，光条所形成的高斯亮条经被测面调制形成测量条纹，由摄像机接收图像，获得测量条纹的测量信息，再经过摄像机标定和外极线约束准则得出三维测量数据。

扫描法测量具有测量精度高，后续图像处理简单等优点。缺点是扫描系统价格昂贵，机械误差在所难免，同时测量过程需要在多个扫描位置拍摄图像并进行后续图像处理，因此测量速度比较慢。英国“3D Scanner”激光扫描仪如图 8 - 6 所示。

2. 白光(彩色)光栅编码法

光栅编码法测量的原理是光源照射光栅，经过投影系统将光栅条纹投射到被测物体上，经过被测物体形面调制形成了测量条纹，由双目摄像机接收测量条纹，应用特征匹配技术、外极线约束准则和立体视觉技术获得测量曲面的三维数据。

光栅编码法中的测量重点是特征匹配技术。由于左右摄像机不能分辨所获得的光栅条纹图像究竟对应空间哪一条光栅条纹，因此空间一条光栅条纹在左右摄像机中的对应问题是光栅编码法的难点。利用白光作为光源的测量方法一般采用空间编码技术解决这一问题。

国内外对于光栅编码法进行了大量的研究工作，其中德国 Gom 公司开发的流动式光学三坐标测量仪 ATOS 为典型仪器，它利用了白光条纹和多视角图像拼接技术实现了大范围曲面的 3D 测量，如图 8 - 7 所示。

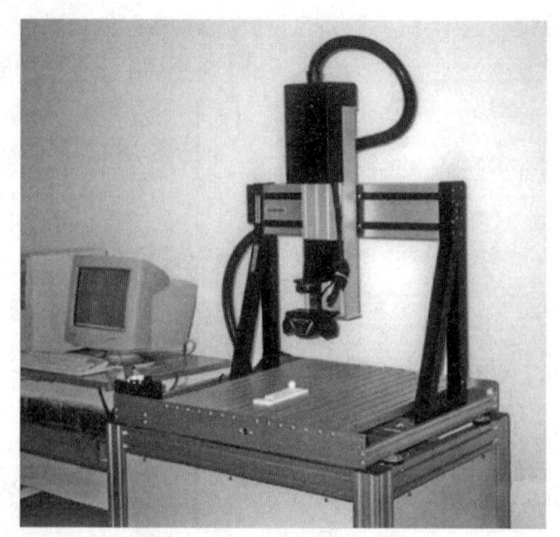
图 8－6 英国“3D Scanner”激光扫描仪

图 8－7 ATOS Ⅱ 测量仪

3. 位相轮廓法

位相轮廓法测量由非相关光源(激光)照射光栅(正弦光栅或其他)，投射出的光栅条纹受被测形面调制，形成与被测形状相关联的光场分布，再应用混合模板技术、相位复原技术和相位图定标技术获得与曲面高度信息相关的相位变化，从而获得被测物体的三维相貌。

位相轮廓法利用相位复原技术获得了相位的连续分布，能够有效、快速地获得被测物体的三维相貌，但是该技术的系统精度与光学系统的灵敏度相关，一般精度适中。另外对于有高频噪声的图像存在一定的误差。

4. 彩色激光扫描法

近年来，多媒体技术蓬勃发展，游戏业、动画业及古文物业迫切需求彩色 3D 测量，彩色激光扫描法应运而生。彩色激光扫描系统对被测物体进行两步拍摄。首先关闭激光器，打开滤光片，用彩色 CCD(Charge Coupled Device)拍摄一幅被测物体的彩色照片，记录下物体的颜色信息；然后打开激光器，放下滤光片，用 CCD 获得经过被测形面调制的激光线条单色图案。利用激光光条扫描法中所叙述的原理，获得被测形面的三维坐标(单色)。然后利用贴图技术，将第一次拍摄获得的彩色图像信息匹配到各个被测点的三维数据上，这样就获得了物体的彩色 3D 信息。

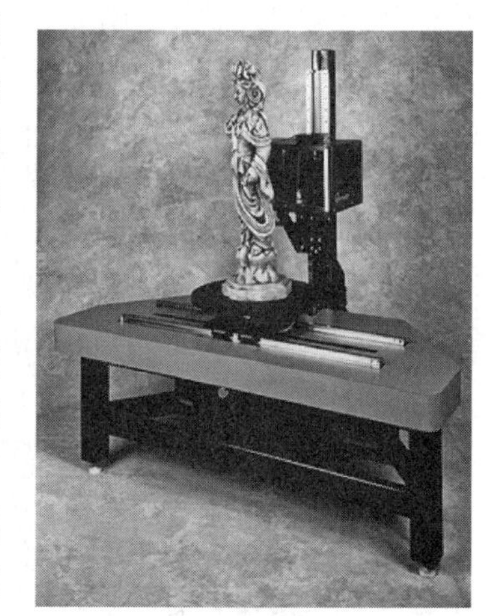
图 8－8 Cyberware 彩色三维扫描仪

彩色 3D 测量能够真实反映被测物体的三维色度信息，具有广阔的应用前景。但是一般测量的精度比较低。单色 3D 测量和高精度贴图两个技术的有效解决是彩色 3D 测量技术发展的基石。

目前台湾大学和智泰公司研制出了成型仪器。美国 Cyberware 公司的彩色三维扫描仪已经成功的商业化，如图 8－8 所示。

5. 阴影莫尔法

阴影莫尔法最早由 Meadows 和 Takasaki 于 1970 年提出。

它是将一光栅放在被测物体上面，用一光源透过光栅照在物体上，同时再透过光栅观察物体，可看到一系列莫尔条纹，它们是物体表面的等高线。之后，人们将此技术与 CCD 技术、计算机图像处理技术相结合使其走向实用化，特别是相移技术的引入，解决了无法从一幅莫尔图中判别物体表面凹凸的问题，并使莫尔计量技术从定性走向定量，使莫尔技术向前迈进了一大步。但相移一般是通过机械手段改变光栅与被测物的距离而实现的，其机构复杂，速度慢。

6. 基于直接三角法的三维型面测量技术

直接三角法三维型面测量技术包括激光逐点扫描法，线扫描法和二元编码图样投影法等，分别采用点、线、面三类结构光投影方式。这些方法以传统的三角测量原理为基础，通过出射点、投影点和成像点三者之间的几何成像关系确定物体各点高度，因此其测量关键在于确定三者的对应关系。

逐点扫描法用光点扫描，虽然简单可靠，但测量速度慢；线扫描法采用一维线性图样扫描物体，速度比前者有很大的提高，确定测量点也比较容易，应用较广，国际上早有商品出售，但这种方法数据获取速度仍然较慢；二元编码图像投影法采用时间或空间编码的二维光学图案投影，利用图案编码和解码来确定投影点和成像点的对应关系，由于是二维面结构光，能够大大提高测量速度。这几种方法的优点是信号的处理简单可靠，无需复杂的条纹分析就能确定各个测量点的绝对高度信息，自动分辨物体凹凸，即使物体的物理间断点使图像不连续，也不影响测量。它们的共同缺点是精度不高、不能实现全场测量。

8.3.2　光学三维测量设备

随着传感技术、控制技术、制造技术等相关技术的发展，出现了大量商品化三维测量设备，其中尤以光学测量仪器应用最为成功。其中，Replica 公司的三维激光扫描仪 3D Scanner，GOM 公司的 ATOS，Steinbichler 公司的 Comet 光学测量系统在中国市场上取得了很大成功，占有绝大部分的市场份额。

1. Comet 测量系统

Comet 测量系统如图 8－9 所示，由测量头、支架及相关软件组成，该系统采用投影光栅相移法进行测量，每次测点可达 130 万个，测量精度可达 ±20 μm。Comet 系统与其他光栅测量系统相比有着明显的优点，能实现对工件的边界、表面细线条等特征的准确测量。从系统支架构件的用材、气流的循环等方面均进行精心设计，在系统内部安装数个温度传感器对整个系统的温度进行闭环控制，使系统在整个工作过程中始终将温度变化控制在 1℃ 的范围内，这样大大地提高了测量精度。Comet 系统采用了单摄像头，消除了同步误差，并且在数据拼合方面除了提供对应点选择拼接、两点拼接和参考点拼接方法外，还提供最终全局优化拼接，使各数据点云拼接达到全局最优化，这也是 Comet 系统特有的。

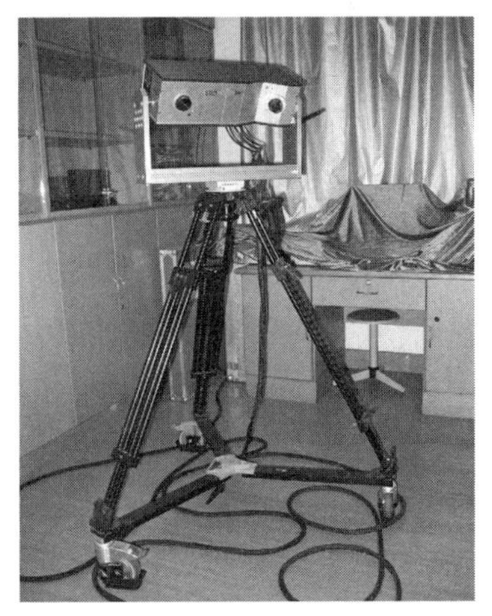

图 8－9　Comet 测量系统

2. ATOS 测量系统

ATOS 是德国 GOM 公司产的非接触式精密光学测量仪，

适合众多类型物件的扫描测量,如人体、软物件、硅胶样板或不可磨损的模具及样品等。该测量仪具有独特的流动式设计,在不需要任何工作平台(如三坐标测量机、数控机械或机械手等)支援下,使用者可随意移动测量头至任何测量方位做高速测量,使用方便快捷,非常适合测量各种大小模型(如汽车、摩托车外形件及各种机构零件、大型模具、小家电等)。整个测量过程基于光学三角形定理,自动影像摄取,再经数码影像处理器分析,将所测的数据自动合并成完整连续的曲面,由此得到高质量零件原型的“点云”数据。

ATOS 光栅扫描仪系统分别由硬件和软件两部分组成。测量系统的硬件组成如图 8-10 所示。计算机及显示屏用于安装测量系统软件和曲面数据处理软件,控制测量过程,运算得到光顺曲线或曲面。主光源、光栅器件组用于对焦和发出扫描的光栅光束。CCD 光学测量传感器件分左右对称两组,通过检测照射在曲面上的光点数据,获取原型曲面的“点云”数据。校准平板用于校准系统的测量精度。三脚支架用于支撑测量光学器件组。通信电缆用于将控制信号传送到检测系统,并将测量传感器的数据反馈给控制系统。测量系统的软件分别由 Linux 操作系统和专用的测量及处理软件 ATOS 及 Geomagic 等组成。

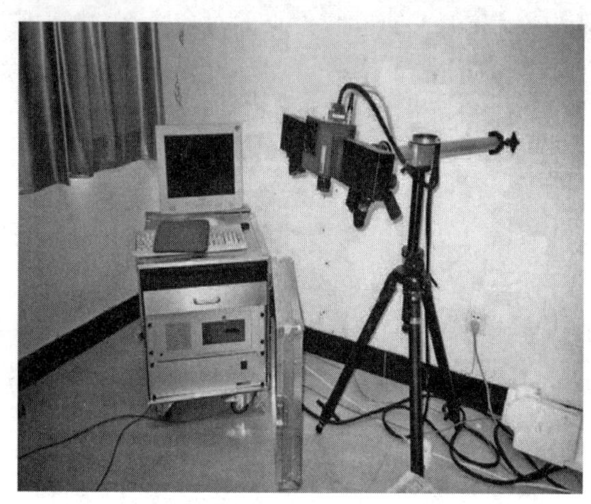

图 8-10　ATOS 测量系统

3. 手持式三维数字扫描及测量系统 REVscan

Handyscan 3D 是 Creaform 公司推出的一款自定位且唯一真正便携的激光扫描仪,如图 8-11 所示。Creaform 将每一个 3D 处理方法和技术与涵盖 3D 所需的、各项范围内的创新解决方案整合在了一起:3D 扫描、逆向工程、检测、风格设计和分析、数字化制造和医学应用。Creaform 全新推出的 Handyscan 系列手持式自定位三维扫描系统,使得三维数字化扫描再次上升到一个新的高度,能够完成各种大小、内外以及逆向工程和形面三维检测应用。HandyScan3D 是新一代的手持式激光三维扫描仪,是继基于三坐标测量机激光扫描系统、基于柔性测量关节臂的激光扫描系统之后的“第三代”三维激光扫描系统。十字激光发生器加上高性能的内置双摄像头可以快速获取物件的三维模型。Handyscan 3D 具有操作简单、轻便以及高性能的优点。

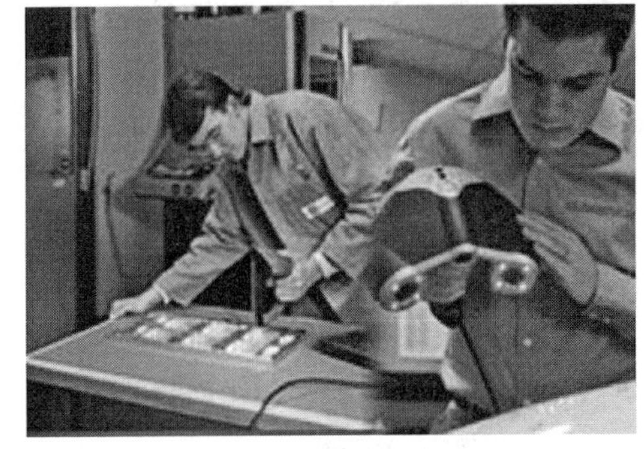

图 8－11　HandyScan 3D 自定位在维扫描系统

8.4　三维数据测量方法的选择

1. 接触式测量的优点

(1)接触式探头发展已有几十年,其机械结构及电子系统已相当成熟,有较高的准确性和可靠性。

(2)接触式测量的探头直接接触工件表面,与工件表面的反射特性、颜色及曲率关系不大。

(3)被测物体固定在三坐标测量机上,并配合测量软件,可快速准确地测量出物体的基本几何形状,如面、圆、圆柱、圆锥、圆球等。

2. 接触式测量的缺点

(1)为确定测量基准点而使用特殊的夹具,会导致较高的测量费用,不同形状的产品会要求不同的夹具,而使成本大幅度增加。

(2)球形探头很容易因为接触力而造成磨耗,所以为维持一定的精度,需经常校正探头的直径。

(3)不当的操作容易损害工件某些重要部位的表面精度,也会使探头损坏。

(4)接触式触发探头是以逐点方式进行测量的,所以测量速度慢。

(5)检测一些内部元件有先天的限制,如测量内圆直径,触发探头的直径必定要小于被测内圆直径。

(6)对三维曲面的测量,因传统接触式触发探头是感应元件,测得的数据是探头的球心位置,要测得物体真实外形,则需要对探头半径进行补偿,因此,可能会导致误差修正的问题。

(7)接触探头在测量时,探头的力将使探头尖端部分与被测件之间发生局部变形,而影响测量值的实际读数。

(8)测量系统的支撑结构存在静态及动态误差。

(9)由于探头触发机构的惯性及时间延迟,使探头产生超越现象,趋近速度会产生动态误差。

(10)另外,测量接触力量即使一定,而测量压力并不能保证一定,这是因为接触面积与工件表面纹路的几何形状有关，不能保证为一样。

接触式测量存在的缺点限制了它的应用领域，无法满足现代逆向工程的要求等。随着测量技术的发展，由于接触式测量的一些不足和测量市场的需要，产生了非接触式扫描测量。非接触式测量克服了接触式测量的一些缺点，在逆向工程领域应用日益广泛。

3. 非接触式测量的优点

(1)不必做探头半径补偿，因为激光光点位置就是工件表面的位置。

(2)测量速度非常快，不必像接触触发探头那样逐点进行测量。

(3)软工件、薄工件、不可接触的高精密工件可直接测量。

4. 非接触式测量主要缺点

(1)测量精度较差，因非接触式探头大多使用光敏位置探测器 PSD(Position Sensitive Detector)来检测光点位置，目前的光敏位置探测器的精度仍不够，约为 2×10^{-11} m 以上。

(2)因非接触式探头大多是接收工件表面的反射光或散射光，颜色、斜率等易受工件表面的反射特性的影响。

(3)PSD 易受环境光线及杂散光影响，故噪声较高，噪声信号的处理比较困难。

(4)非接触式测量只做工件轮廓坐标点的大量取样，对边线处理、凹孔处理以及不连续形状的处理较困难。

(5)使用 CCD 作探测器时，成像镜头的焦距会影响测量精度，因工件几何外形变化大时成像会失焦，成像模糊。

(6)工件表面的粗糙度会影响测量结果。

不同的测量对象和测量目的，决定了测量过程和测量方法的不同。在实际进行三坐标测量时，应该根据测量对象的特点以及设计工作的要求确定合适的扫描方法并选择相应的扫描设备。例如，材质为硬质且形体曲面相对较为简单、容易定位的物体，应尽量使用接触式扫描仪。而在对橡胶、人体头像或超薄形物体进行扫描时，则需要采用非接触式测量方法。这些模型或者是在受到轻微外力时易变形，或者是模型表面凹凸不平而无法使用接触式测量设备进行三维测量。使用非接触式测量不仅可以不对测量模型进行任何力的加载，同时还可以大量获取测量表面的数据信息，通过相应的数学方法或软件即可生成测量表面的 CAD 模型。

8.5 三维测量技术的应用

三维测量作为逆向工程的首要步骤和关键技术，近年来得到了长足的发展。随着电子、光学、计算机技术日趋完善以及图像处理、模式识别、人工智能等领域的巨大进步，以工业化的 CCD 摄像机、半导体激光器和液晶光栅技术及电子产品(计算机、图像采集系统和低级图像处理系统等)为基础的三维外形轮廓非接触、快速测量技术已成为国内外研究发展的热点和重点。由于具有检测速度快、测量精度高、数据处理易于自动化等优点，其需求和应用领域不断扩大，不仅仅局限在制造领域，在医学、服装、娱乐、文物保存工程等行业也得到了广泛的应用。

1. 产品检测与质量控制

在复杂型面零件制造质量检测中，由于某些型面、特征自身缺乏清晰的参考基准，型值点与整体设计基准间没有明确的对应关系尺寸,使得基于设计尺寸与加工尺寸直接度量比较的传统检测模式在复杂型面零件的制造误差评定中难以实行。基于三维 CAD 模型的复杂型面产品数字化检测已成为复杂型面制造精度评价的最主要发展趋势,即通过测量加工产品零件三维型面数据,与产品原始设计三维 CAD 模型配准比较和偏差分析,给出产品的制造精度。通用汽车采用光学测量技术,通过测量数据与 CAD 设计数据的直接比较对其 OEM 配套产品进行数字化检测,评测产品制造精度,如图 8 - 12 所示。

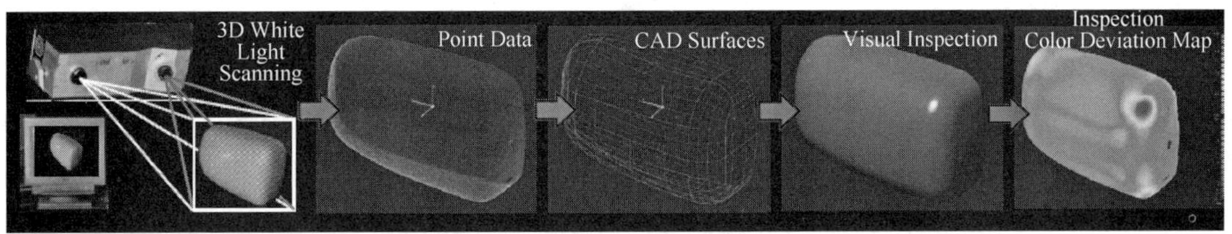

图 8 - 12　三维测量在质量检测中的应用

2. 虚拟现实

通过三维测量提供虚拟现实系统所需要的大量与现实世界完全一致的三维模型数据,如图 8 - 13 所示。由于虚拟现实 VR 技术可以展示三维景象,模拟未知环境和模型,具有很强的交互性,已被广泛应用于产品展示、规划设计、远程教育、建筑工程和商业应用等领域。

图 8 - 13　根据三维数据建立的汽车模型

3. 人体测量

人体测量在服装设计、游戏娱乐等行业都有广泛应用。采用非接触快速三维测量得到人体三维数据,然后获得人体三维特征,可进行服装定制设计。此外,人体测量可以为游戏、娱乐等系统提供大量具有极强真实感的三维彩色模型,还可以将游戏者的形象扫描输入到系统中。

4. 文物保存工程

如何将古文物、具有历史意义的传统雕刻、甚或人类学中古人类的骨头和器皿等快速地数字化保存下来,一直是一个重要的研究课题。非接触三维测量可以不损伤物体,获得文物的外形尺寸和表面色彩、纹理,得到三维拷贝。

5. 医学工程

近年来 3D 影像扫描在医学领域上已被广泛应用于核磁共振,如 X 光断层照相、放射线医学等。分析并处理 3D 影像扫描所得到的数据更是极其重要的需求。由 3D 影像扫描可辅助的范围有遥控医学、外科手术模拟训练、整形外科模拟、义肢设计、筋骨关节矫正、牙齿矫正和假牙设计等。

附　录

附录A　螺　纹

1. **普通螺纹**(GB/T 193—2003,GB/T 196—2003)

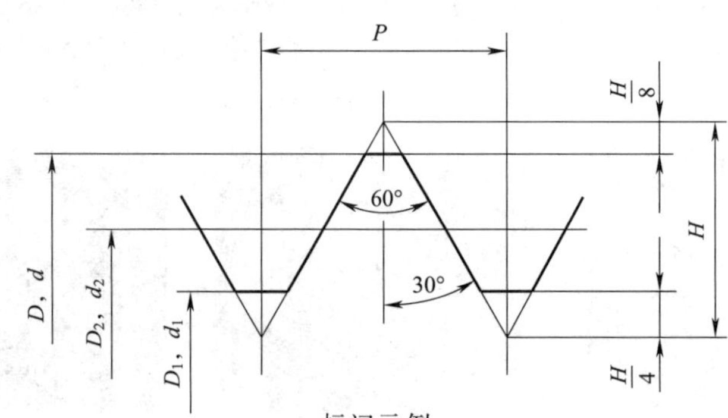

标记示例

右旋粗牙普通螺纹,公称直径 d = 24 mm,螺距3 mm。其标记为:M24

左旋细牙普通螺纹,公称直径 d = 24 mm,螺距2 mm。其标记为:M24 ×2 - LH

表 A-1　普通螺纹的基本牙型和基本尺寸　　单位:mm

公称直径 D、d		螺　距 P		螺纹小径 D_1、d_1
第一系列	第二系列	粗　牙	细　牙	粗　牙
3	—	0.5	0.35	2.459
—	3.5	(0.6)		2.850
4	—	0.7	0.5	3.242
—	4.5	(0.75)		3.688
5	—	0.8		4.134
6	—	1	0.75,(0.5)	4.917
8	—	1.25	1,0.75,(0.5)	6.647
10	—	1.5	1.25,1,0.75,(0.5)	8.376

续表

公称直径 D、d		螺　距　P		螺纹小径 D_1、d_1
第一系列	第二系列	粗　牙	细　牙	粗　牙
12	—	1.75	1.5,1.25,1,(0.75),(0.5)	10.106
—	14	2	1.5,(1.25),1,(0.75),(0.5)	11.835
16	—	2	1.5,1,(0.75),(0.5)	13.835
—	18	2.5	2,1.5,1,(0.75),(0.5)	15.294
20	—	2.5		17.294
—	22	2.5	2,1.5,1,(0.75),(0.5)	19.294
24	—	3	2,1.5,1,(0.75)	20.752
—	27	3	2,1.5,1,(0.75)	23.752
30	—	3.5	(3),2,1.5,1,(0.75)	26.211
—	33	3.5	(3),2,1.5,(1),(0.75)	29.211
36	—	4	3,2,1.5,(1)	31.670
—	39	4		34.670
42	—	4.5	(4),3,2,1.5,(1)	37.129
—	45	4.5		40.129
48	—	5		42.587
—	52	5		46.587
56	—	5.5	4,3,2,1.5,(1)	50.046

注:① 螺纹公称直径应优先第一系列,括号内尺寸尽可能不用,第三系列未列入。

② 中径 D_2、d_2 未列入。

表 A-2　细牙普通螺纹螺距与小径的关系　　单位:mm

螺距 P	小径 D_1、d_1	螺距 P	小径 D_1、d_1	螺距 P	小径 D_1、d_1
0.35	$d-1+0.621$	1	$d-2+0.918$	2	$d-3+0.835$
0.5	$d-1+0.459$	1.25	$d-2+0.647$	3	$d-4+0.752$
0.75	$d-1+0.188$	1.5	$d-2+0.376$	4	$d-5+0.670$

注:表中的小径按 $D_1=d_1=d-2\times\frac{5}{8}H, H=\frac{\sqrt{3}}{2}P$ 计算得出。

2. 非螺纹密封的管螺纹(GB/T 7307—2001)

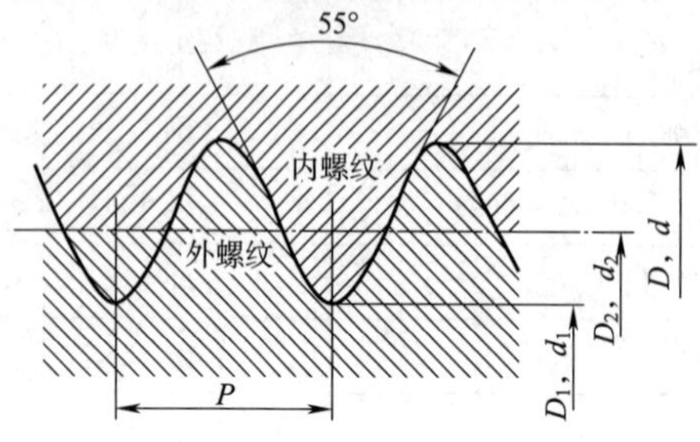

标记示例

$1\frac{1}{2}$左旋内螺纹:G1 $\frac{1}{2}$ – LH(右旋不标)

$1\frac{1}{2}$A 级外螺纹:G1 $\frac{1}{2}$A;$1\frac{1}{2}$B 级外螺纹:G1 $\frac{1}{2}$B

内外螺纹装配:G1 $\frac{1}{2}$/G1 $\frac{1}{2}$A

表 A－3 非螺纹密封的管螺纹的基本尺寸 单位:mm

尺寸代号	每 25.4 mm 内的牙数 n	螺距 P	牙高 h	圆弧半径 $r\approx$	基本直径		
					大径 $d=D$	中径 $d_2=D_2$	小径 $d_1=D_1$
1/16	28	0.907	0.581	0.125	7.723	7.142	6.561
1/8	28	0.907	0.581	0.125	9.728	9.147	8.566
1/4	19	1.337	0.856	0.184	13.157	12.301	11.445
3/8	19	1.337	0.856	0.184	16.662	15.806	14.950
1/2	14	1.814	1.162	0.249	20.955	19.793	18.631
5/8	14	1.814	1.162	0.249	22.911	21.749	20.587
3/4	14	1.814	1.162	0.249	26.441	25.279	24.117
7/8	14	1.814	1.162	0.249	30.201	29.039	27.877
1	11	2.309	1.479	0.317	33.249	31.770	30.291
$1\frac{1}{4}$	11	2.309	1.479	0.317	41.910	40.431	38.952
$1\frac{1}{2}$	11	2.309	1.479	0.317	47.803	46.324	44.845
$1\frac{3}{4}$	11	2.309	1.479	0.317	53.746	52.267	50.788
2	11	2.309	1.479	0.317	59.614	58.135	56.656
$2\frac{1}{4}$	11	2.309	1.479	0.317	65.710	64.231	62.752
$2\frac{1}{2}$	11	2.309	1.479	0.317	75.184	73.705	72.226
$2\frac{3}{4}$	11	2.309	1.479	0.317	81.534	80.055	78.576
3	1	2.309	1.479	0.317	87.884	86.405	84.926
$3\frac{1}{2}$	11	2.309	1.479	0.317	100.330	98.851	97.372
4	11	2.309	1.479	0.317	113.030	111.551	110.072
$4\frac{1}{2}$	11	2.309	1.479	0.317	125.730	124.251	122.772
5	11	2.309	1.479	0.317	138.430	136.951	135.472

注:本标准适应用于管接头、旋塞、阀门及其附件。

3. 梯形螺纹(GB 5796.3—2005)

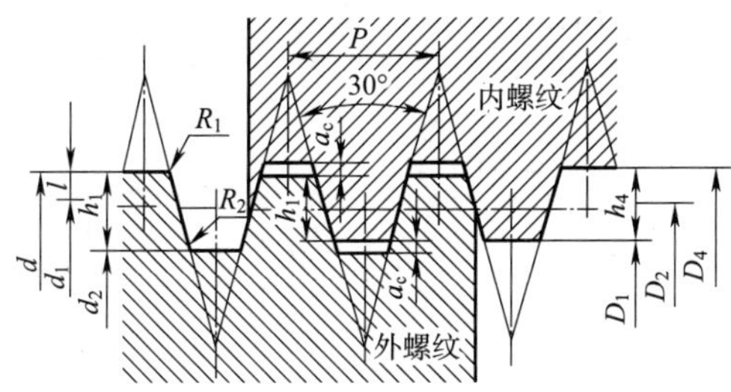

标记示例

公称直径 $d=40$ mm,螺距为 $P=7$ mm,中径公差带为 7H 的左旋梯形螺纹:

Tr40 × 7 − 7H − LH

公称直径 40 mm,导程 14 mm,螺距为 7 mm,中径公差带为 7e 的右旋双线梯形螺纹:

Tr40 × Ph14P7 − 7e

表 A−4 直径与螺距系列、基本尺寸 单位:mm

公称直径 d		螺距 P	中径 $d_2=D_2$	大径 D_4	小径		公称直径 d		螺距 P	中径 $d_2=D_2$	大径 D_4	小径	
第一系列	第二系列				d_3	D_1	第一系列	第二系列				d_3	D_1
8	—	1.5	7.25	8.30	6.20	6.50	20	—	2	19.00	20.50	17.50	18.00
—	9	1.5	8.25	9.30	7.20	7.50			4	18.00	20.50	15.50	16.00
		2	8.00	9.50	6.50	7.00	—	22	3	20.50	22.50	18.50	19.00
10	—	1.5	9.25	10.30	8.20	8.50			5	19.50	22.50	16.50	17.00
		2	9.00	10.50	7.50	8.00			8	18.00	23.00	13.00	14.00
—	11	2	10.00	11.50	8.50	9.00	—	26	3	22.50	24.50	20.50	21.00
—	11	3	9.50	11.50	7.50	8.00			5	21.50	24.50	18.50	19.00
12	—	2	11.0	12.50	9.50	10.00			8	20.00	25.00	15.00	16.00
		3	10.50	12.50	8.50	9.00	—	26	3	24.50	26.50	22.50	23.00
—	14	2	13.00	14.50	11.50	12.00			5	23.50	26.50	20.50	21.00
		3	12.50	14.50	10.50	11.00			8	22.00	27.00	17.00	18.00
16	—	2	15.00	16.50	13.50	14.00	28	—	3	26.50	28.50	24.50	25.00
		4	14.00	16.50	11.50	12.0			5	25.50	28.50	22.50	23.00
—	18	2	17.00	18.50	15.50	16.00			8	24.00	29.00	19.00	20.00
		4	16.00	18.50	13.50	14.00							

注:本表只摘录其中一部分。

附录B 螺　钉

1. 开槽沉头螺钉标准(GB/T 68－2016)

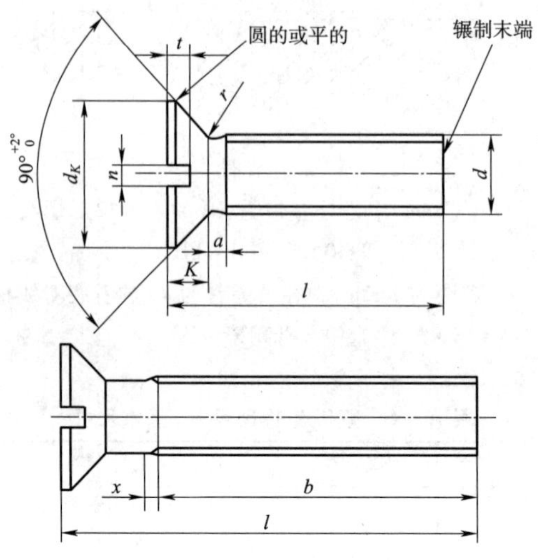

标记示例

螺纹规格为 M5、公称长度 $l=20$ mm、性能等级为 4.8 级,表面不经处理的 A 级开槽沉头螺钉的标记:

螺钉 GB/T 68 M5×20

表 B－1　开槽沉头螺钉尺寸　　单位:mm

螺纹规格 d			M1.6	M2	M2.5	M3	(M3.5)①	M4	M5	M6	M8	M10
p②			0.35	0.4	0.45	0.5	0.6	0.7	0.8	1	1.25	1.5
a		max	0.7	0.8	0.9	1	1.2	1.4	1.6	2	2.5	3
b		min	25	25	25	25	38	38	38	38	38	38
d_K③	理论值	max	3.6	4.4	5.5	6.3	8.2	9.4	10.4	12.6	17.3	20
	实际值	公称 max	3.0	3.8	4.7	5.5	7.30	8.40	9.30	11.30	15.80	18.30
		min	2.7	3.5	4.4	5.2	6.94	8.04	8.94	10.87	15.37	17.78
K^q		公称 = max	1	1.2	1.5	1.65	2.35	2.7	2.7	3.3	4.65	5
n		nom	0.4	0.5	0.6	0.8	1	1.2	1.2	1.6	2	2.5
		max	0.60	0.70	0.80	1.00	1.20	1.51	1.51	1.91	2.31	2.81
		min	0.46	0.56	0.66	0.86	1.06	1.26	1.26	1.66	2.06	2.56
r		max	0.4	0.5	0.6	0.8	0.9	1	1.3	1.5	2	2.5
t		max	0.50	0.6	0.75	0.85	1.2	1.3	1.4	1.5	2.3	2.6
		min	0.32	0.4	0.50	0.60	0.9	1.0	1.1	1.2	1.8	2.0
x		max	0.9	1	1.1	1.25	1.5	1.75	2	2.5	3.2	3.8

续表

螺纹规格 d			M1.6	M2	M2.5	M3	(M3.5)①	M4	M5	M6	M8	M10
l①,④			每 1 000 件钢螺钉的质量(ρ = 7.85 kg/dm^3) ≈ kg									
公称	min	max	2.5	2.3	2.7	0.053						
3	2.8	3.2	0.058	0.101								
4	3.76	4.34	0.069	0.119	0.206							
5	4.76	5.24	0.081	0.137	0.236	0.335						
6	5.76	6.24	0.093	0.152	0.266	0.379	0.633	0.903				
8	7.71	8.29	0.116	0.193	0.326	0.467	0.753	1.06	1.48	2.38		
10	9.71	10.29	0.139	0.231	0.386	0.555	0.873	1.22	1.72	2.73	5.68	
12	11.65	12.35	0.162	0.268	0.446	0.643	0.933	1.37	1.96	3.08	6.32	9.54
(14)	13.65	14.35	0.185	0.306	0.507	0.731	1.11	1.53	2.2	3.43	6.96	10.6
16	15.65	16.35	0.208	0.343	0.567	0.82	1.23	1.68	2.44	3.78	7.6	11.6
20	19.58	20.42		0.417	0.687	0.996	1.47	2	2.92	4.48	8.88	13.6
25	24.58	25.42			0.838	1.22	1.77	2.39	3.52	5.36	10.5	16.1
30	29.58	30.42				1.44	2.07	2.78	4.12	6.23	12.1	18.7
35	34.5	35.5					2.37	3.17	4.72	7.11	13.7	21.2
40	39.5	40.5						3.56	5.32	7.98	15.3	23.7
45	44.5	45.5							5.92	8.86	16.9	26.2
50	49.5	50.5							6.52	9.73	18.5	28.8
(55)	54.05	55.95								10.6	20.1	31.3
60	59.05	60.95								11.5	21.7	33.8
(65)	64.05	65.95									23.3	36.3
70	69.05	70.95									24.9	38.9
(75)	74.05	75.95									26.5	41.4
80	79.05	80.95									28.1	43.9

注:①在阶梯实线间为优选长度。

②尽可能不采用括号内的规格。

③P——螺距。

④见 GB 5279—1985。

⑤公称长度在阶梯虚线以上的螺钉,制出全螺纹[$b = l - (K + a)$]。

2. 六角头不脱出螺钉(GB/T 838—1988)

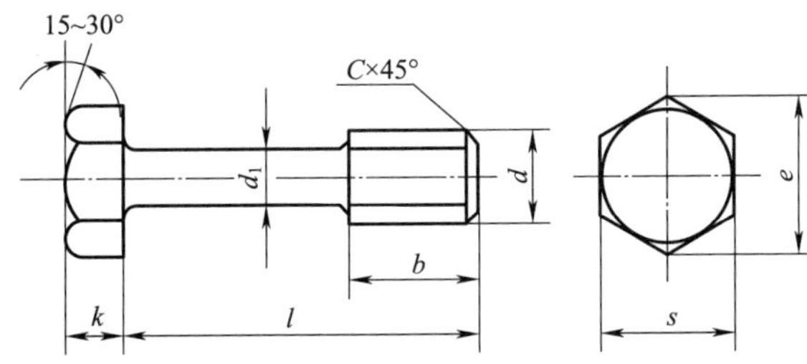

标记示例

螺纹规格 d = M6、公称长度 l = 200 mm、性能等级为 4.8 级、不经表面处理的六角头不脱出螺钉标记为

螺钉 GB/T 838 M6 × 20

表 B－2　六角头不脱出螺钉尺寸　单位：mm

螺纹规格 d		M5	M6	M8	M10	M12	M14	M16
b		8	10	12	15	18	20	24
k 公称		3.5	4	5.3	6.4	7.5	8.8	10
s max		8	10	12	16	18	21	24
e min		8.79	11.05	14.38	17.77	20.03	23.35	26.75
d_1 max		3.5	4.5	5.5	7.0	9.0	11.0	12.0
l 长度范围		14～40	20～50	25～65	30～80	30～100	35～100	40～100
性能等级	钢	4.8						
	不锈钢	A1－50、C4－50						

注：长度系列为（单位为 mm）：(14)、16、20～50（5 进位）、(55)、60(65)、70、75、80、90、100。

附录 C　常用键和销

1. 平键和键槽的剖面尺寸（GB/T 1095—2003）

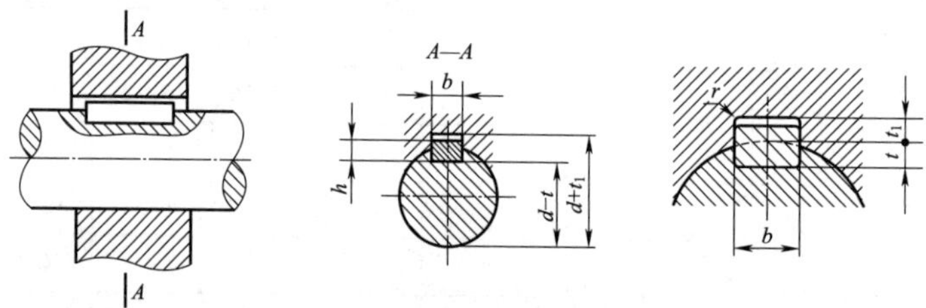

附表 C－1　平键和键槽的剖面尺寸　单位：mm

轴径 d		6～8	>8～10	>10～12	>12～17	>17～22	>22～30	>30～38	>38～44	>44～50	>50～58	>58～65	>65～75	>75～85	>85～95
公称尺寸	b	2	3	4	5	6	8	10	12	14	16	18	20	22	25
	h	2	3	4	5	6	7	8	8	9	10	11	12	14	14
键槽深	轴 t	1.2	1.8	2.5	3.0	3.5	4.0	5.0	5.0	5.5	6.0	7.0	7.5	9.0	9.0
	毂 t_1	1.0	1.4	1.8	2.3	2.8	3.3	3.3	3.3	3.8	4.3	4.4	4.9	5.4	5.4
半径	r	最小 0.08～最大 0.16			最小 0.16～最大 0.25			最小 0.25～最大 0.40				最小 0.04～最大 0.60			

2. 普通平键（GB/T 1096—2003）

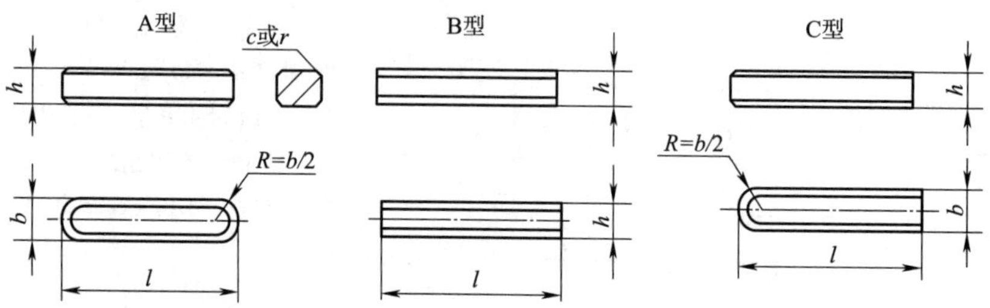

标 记 示 例

宽度 $b=16$ mm、高度 $h=10$ mm、长度 $L=100$ mm 普通 A 型平键。其标记为：

GB/T 1096—2003　键　B16×10×100

宽度 $b=16$ mm、高度 $h=10$ mm、长度 $L=100$ mm 普通 B 型平键。其标记为：

GB/T 1096—2003　键　B16×10×100

表 C－2　普通平键的型式尺寸　　单位：mm

b	2	3	4	5	6	8	10	12	14	16	18	20	22	25
h	2	3	4	5	6	7	8	8	9	10	11	12	14	14
c 或 r	0.16～0.25			0.25～0.40				0.40～0.60				0.60～0.80		
L 范围	6～20	6～36	8～45	10～56	14～70	18～90	22～110	28～140	36～160	45～180	50～200	56～220	63～250	70～280
L 系列	6,8,10,12,14,16,18,20,22,25,28,32,36,40,45,50,56,63,70,80,90,100,110,125,140,160,180,200													

3. 半圆键（GB/T 1098—2003）

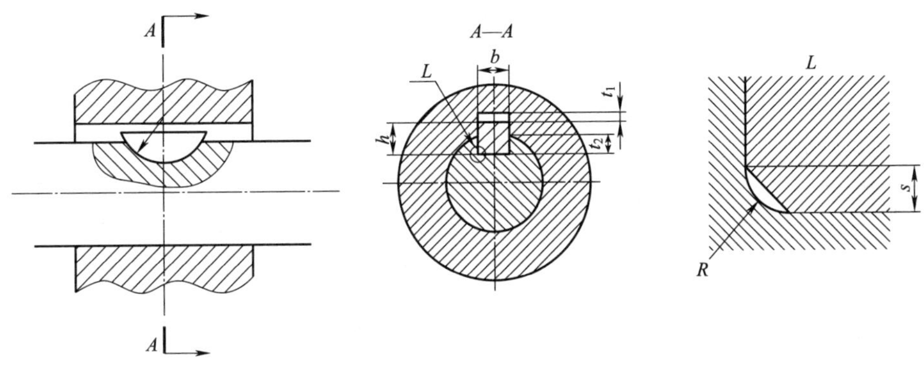

表 C－3　半圆键键槽的尺寸和公差　　单位：mm

键尺寸 $b\times h\times D$	键槽											
	宽度 b						深度				半径 R	
	基本尺寸	极限偏差					轴 t_1		毂 t_2			
		正常连接		紧密连接	松连接		基本尺寸	极限偏差	基本尺寸	极限偏差		
		轴 N9	毂 JS9	轴和毂 P9	轴 H9	毂 D10					max	min
1×1.4×4 1×1.1×4	1						1.0		0.6			
1.5×2.6×7 1.5×2.1×7	1.5						2.0		0.8			
2×2.6×7 2×2.1×7	2						1.8	+0.10	1.0			
2×3.7×10 2×3×10	2	−0.004 −0.029	±0.0125	−0.006 −0.031	+0.025 0	+0.060 +0.020	2.9		1.0	+0.1 0	0.16	0.08
2.5×3.7×10 2.5×3×10	2.5						2.7		1.2			
3×5×13 3×4×13	3						3.8	+0.20	1.4			
3×6.5×16 3×5.2×16	3						5.3		1.4			

续表

<table>
<tr><td rowspan="5">键尺寸
$b \times h \times D$</td><td colspan="12">键　槽</td></tr>
<tr><td colspan="6">宽　度　b</td><td colspan="4">深　度</td><td colspan="2" rowspan="3">半径 R</td></tr>
<tr><td rowspan="3">基本尺寸</td><td colspan="5">极 限 偏 差</td><td colspan="2">轴 t_1</td><td colspan="2">毂 t_2</td></tr>
<tr><td colspan="2">正常连接</td><td>紧密连接</td><td colspan="2">松连接</td><td rowspan="2">基本尺寸</td><td rowspan="2">极限偏差</td><td rowspan="2">基本尺寸</td><td rowspan="2">极限偏差</td></tr>
<tr><td>轴 N9</td><td>毂 JS9</td><td>轴和毂 P9</td><td>轴 H9</td><td>毂 D10</td><td>max</td><td>min</td></tr>
<tr><td>4×6.5×16
4×5.2×16</td><td>4</td><td rowspan="7">0
−0.030</td><td rowspan="7">±0.015</td><td rowspan="7">−0.012
−0.042</td><td rowspan="7">+0.030
0</td><td rowspan="7">+0.078
+0.030</td><td>5.0</td><td rowspan="4">+0.20</td><td>1.8</td><td rowspan="6">+0.1
0</td><td rowspan="7">0.25</td><td rowspan="7">0.16</td></tr>
<tr><td>4×7.5×19
4×6×19</td><td>4</td><td>6.0</td><td>1.8</td></tr>
<tr><td>5×6.5×16
5×5.2×19</td><td>5</td><td>4.5</td><td>2.3</td></tr>
<tr><td>5×7.5×19
5×6×19</td><td>5</td><td>5.5</td><td>2.3</td></tr>
<tr><td>5×9×22
5×7.2×22</td><td>5</td><td>7.0</td><td rowspan="5">+0.30</td><td>2.3</td></tr>
<tr><td>6×9×22
6×7.2×22</td><td>6</td><td>6.5</td><td>2.8</td></tr>
<tr><td>6×10×25
6×8×25</td><td>6</td><td>7.5</td><td>2.8</td><td rowspan="3">+0.2
0</td></tr>
<tr><td>8×11×28
8×8.8×28</td><td>8</td><td rowspan="2">0
−0.036</td><td rowspan="2">±0.018</td><td rowspan="2">−0.015
−0.051</td><td rowspan="2">+0.036
0</td><td rowspan="2">+0.098
+0.040</td><td>8.0</td><td>3.3</td><td rowspan="2">0.40</td><td rowspan="2">0.25</td></tr>
<tr><td>10×13×32
10×10.4×32</td><td>10</td><td>10</td><td>3.3</td></tr>
</table>

4. 圆柱销（GB/T 119.1—2000）

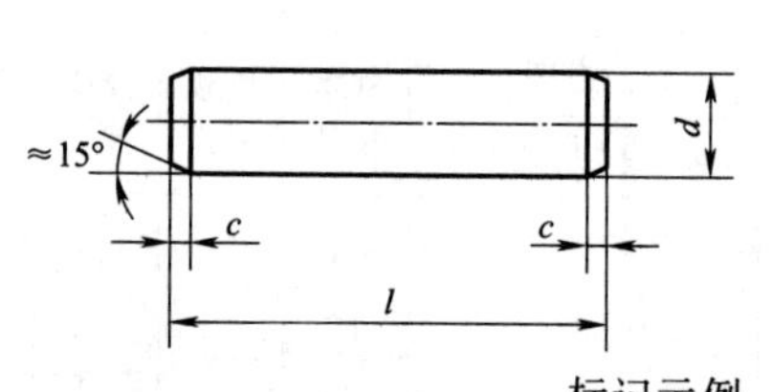

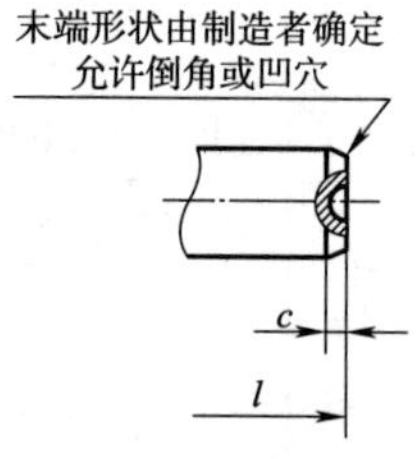

标记示例

公称直径 $d = 8$ mm，公差为 m6，长度 $l = 30$ mm，材料为 35 钢，不经淬火、不经表面处理的圆柱销：

销　GB/T 119.1—2000　8m6×30

表 C－4　圆柱销（不淬火硬钢和奥氏体不锈钢）　　单位：mm

d(公称)	4	5	6	8	10	12	16	20
$c \approx$	0.63	0.80	1.2	1.6	2.0	2.5	3.0	3.5
l(公称)	8~35	10~50	12~60	14~80	20~95	22~140	26~180	35~200

注：长度 l 系列为：6~32（2 进位），35~100（5 进位），120~200（20 进位）。

5. 圆锥销(GB/T 117—2000)

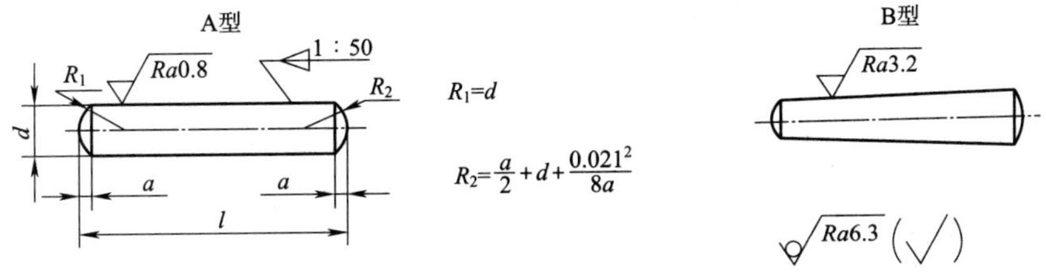

标记示例

公称直径 $d=10$ mm,长度 $l=60$ mm,材料为 35 钢,热处理硬度为(28～38)HRC,表面氧化处理的 A 型圆锥销:

销　GB/T 117—2000　10×60

表 C-5　圆 锥 销　　单位:mm

d(公称)	0.6	0.8	1	1.2	1.5	2	2.5	3	4	5	6	8	10	12	16
a≈	0.08	0.1	0.12	0.16	0.2	0.25	0.3	0.4	0.5	0.63	0.8	1	1.2	1.6	2
l 系列	2,3,4,5,6,8,10,12,14,16,18,20,22,24,26,28,30,32,35,40,45,50														

6. 开口销(GB/T 91—2000)

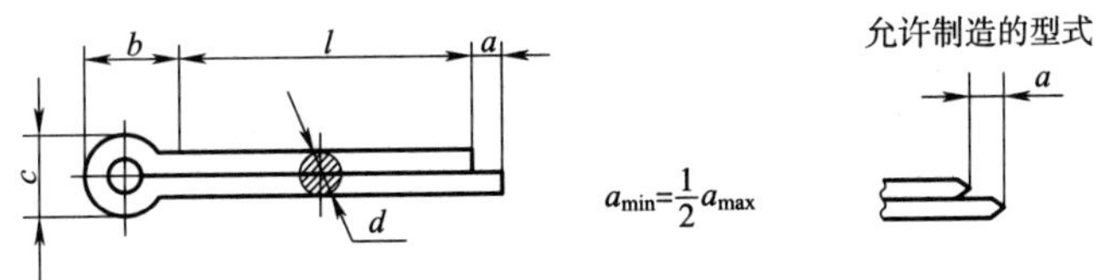

标记示例

公称直径为 $d=10$ mm,长度 $l=50$ mm,材料为 Q215 或 Q235,不经表面处理的开口销:

销　GB/T 91—2000　5×50

表 C-6　开 口 销　　单位:mm

d	公称	0.6	0.8	1	1.2	1.6	2	2.5	3.2	4	5	6.3	8	10	12
	min	0.4	0.6	0.8	0.9	1.3	1.7	2.1	2.7	3.5	4.4	5.7	7.3	9.3	11.1
	max	0.5	0.7	0.9	1	1.4	1.8	2.3	2.9	3.7	4.6	5.9	7.5	9.5	11.4
c	max	1	1.4	1.8	2	2.8	3.6	4.6	5.8	7.4	9.2	11.8	15	19	24.8
	min	0.9	1.2	1.6	1.7	2.4	3.2	4	5.1	6.5	8	10.3	13.1	16.6	21.7
d	≈	2	2.4	3	3	3.2	4	5	6.4	8	10	12.6	16	20	26
a	max	1.6			2.5				3.2	4				6.3	
l 系列		4,5,6,8,10,12,14,16,18,20,22,24,26,28,30,32,36,40,45,50,55,60,65,70,75,80,85,90,95,100,120,140,160,180,200													

注:销孔的公称直径等于销的公称直径 d。

附录 D　常用滚动轴承

1. 深沟球轴承(GB/T 276—2013)

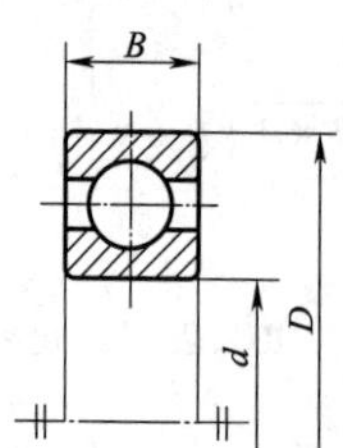

标记示例

滚动轴承　6208　GB/T 276—2013

表 D－1　滚动球轴承

轴承型号	尺　寸/mm		
	d	D	B
(10)系列			
606	6	17	6
607	7	19	6
608	8	22	7
609	9	24	7
6 000	10	26	8
6 001	12	28	8
6 002	15	32	9
6 003	17	35	10
6 004	20	42	12
6 005	25	47	12
6 006	30	55	13
6 007	35	62	14
6 008	40	68	15
6 009	45	75	16
6 010	50	80	16
6 011	55	90	18
6 012	60	95	18
(02)窄系列			
623	3	10	4
624	4	13	5
625	5	16	5
626	6	19	6
627	7	22	7
628	8	24	8
629	9	26	8
6 200	10	30	9
6 201	12	32	10
6 202	15	35	11
6 203	17	40	12
6 204	20	47	14
6 205	25	52	15
6 206	30	62	16
6 207	35	72	17
6 208	40	80	18
6 209	45	85	19
6 210	50	90	20
6 211	55	100	21
6 212	60	110	22

轴承型号	尺　寸/mm		
	d	D	B
(03)窄系列			
634	4	16	5
635	5	19	6
6 300	10	35	11
6 301	12	37	12
6 302	15	42	13
6 303	17	47	14
6 304	20	52	15
6 305	25	62	17
6 306	30	72	19
6 307	35	80	21
6 308	40	90	23
6 309	45	100	25
6 310	50	110	27
6 311	55	120	29
6 312	60	130	31
(04)窄系列			
6 403	17	62	17
6 404	20	72	19
6 405	25	80	21
6 406	30	90	23
6 407	35	100	25
6 408	40	110	27
6 409	45	120	29
6 410	50	130	31
6 411	55	140	33
6 412	60	150	35
6 413	65	160	37
6 414	70	180	42
6 415	75	190	45
6 416	80	200	48
6 417	85	210	52
6 418	90	225	54
6 419	95	240	55

附录 E　圆螺母

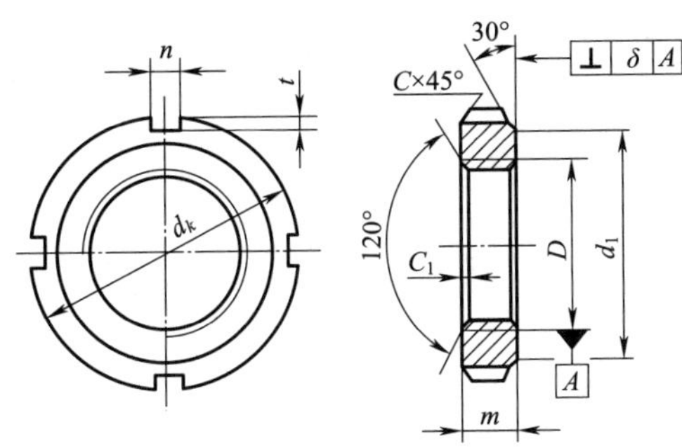

标记示例

螺纹规格 $D=\mathrm{M}16\times1.5$、材料为 45 钢、槽或全部热处理后硬度 35 ~ 45HRC、表面氧化的圆螺母：

螺母　GB/T 812　M16×1.5

表 E-1　圆螺母尺寸（GB/T 812—1988）　　单位：mm

<table>
<tr><th>D</th><th>d_k</th><th>d₁</th><th>m</th><th>n/min</th><th>t/min</th><th>c</th><th>C₁</th></tr>
<tr><td>M10×1</td><td>22</td><td>16</td><td rowspan="6">8</td><td rowspan="3">4</td><td rowspan="3">2</td><td rowspan="5">0.5</td><td rowspan="22">0.5</td></tr>
<tr><td>M12×1.25</td><td>25</td><td>19</td></tr>
<tr><td>M14×1.5</td><td>28</td><td>20</td></tr>
<tr><td>M16×1.5</td><td>30</td><td>22</td><td rowspan="8">5</td><td rowspan="8">2.5</td></tr>
<tr><td>M18×1.5</td><td>32</td><td>24</td></tr>
<tr><td>M20×1.5</td><td>35</td><td>27</td><td rowspan="8">1</td></tr>
<tr><td>M22×1.5</td><td>38</td><td>30</td><td rowspan="12">10</td></tr>
<tr><td>M24×1.5</td><td>42</td><td>34</td></tr>
<tr><td>M25×1.5*</td><td>42</td><td>34</td></tr>
<tr><td>M27×1.5</td><td>45</td><td>37</td></tr>
<tr><td>M30×1.5</td><td>48</td><td>40</td></tr>
<tr><td>M33×1.5</td><td>52</td><td>43</td><td rowspan="7">6</td><td rowspan="7">3</td></tr>
<tr><td>M35×1.5*</td><td>52</td><td>43</td></tr>
<tr><td>M36×1.5</td><td>55</td><td>46</td><td rowspan="11">1.5</td></tr>
<tr><td>M39×1.5</td><td>58</td><td>49</td></tr>
<tr><td>M40×1.5</td><td>58</td><td>49</td></tr>
<tr><td>M42×1.5</td><td>62</td><td>53</td></tr>
<tr><td>M45×1.5</td><td>68</td><td>59</td></tr>
<tr><td>M48×1.5</td><td>72</td><td>61</td><td rowspan="6">12</td><td rowspan="6">8</td><td rowspan="6">3.5</td></tr>
<tr><td>M50×1.5*</td><td>72</td><td>61</td></tr>
<tr><td>M52×1.5</td><td>78</td><td>67</td></tr>
<tr><td>M55×2*</td><td>78</td><td>67</td></tr>
<tr><td>M56×2</td><td>85</td><td>74</td><td rowspan="2">1</td></tr>
<tr><td>M60×2</td><td>90</td><td>79</td></tr>
</table>

<table>
<tr><th>D</th><th>d_k</th><th>d₁</th><th>m</th><th>n/min</th><th>t/min</th><th>C</th><th>C₁</th></tr>
<tr><td>M64×2</td><td>95</td><td>84</td><td rowspan="3">12</td><td rowspan="2">8</td><td rowspan="2">3.5</td><td rowspan="20">1.5</td><td rowspan="20">1</td></tr>
<tr><td>M65×2*</td><td>95</td><td>84</td></tr>
<tr><td>M68×2</td><td>100</td><td>88</td><td rowspan="6">10</td><td rowspan="6">4</td></tr>
<tr><td>M72×2</td><td>105</td><td>93</td><td rowspan="5">15</td></tr>
<tr><td>M75×2*</td><td>105</td><td>93</td></tr>
<tr><td>M76×2</td><td>110</td><td>98</td></tr>
<tr><td>M80×2</td><td>115</td><td>103</td></tr>
<tr><td>M85×2</td><td>120</td><td>108</td></tr>
<tr><td>M90×2</td><td>125</td><td>112</td><td rowspan="5">18</td><td rowspan="5">12</td><td rowspan="5">5</td></tr>
<tr><td>M95×2</td><td>130</td><td>117</td></tr>
<tr><td>M100×2</td><td>135</td><td>122</td></tr>
<tr><td>M105×2</td><td>140</td><td>127</td></tr>
<tr><td>M110×2</td><td>150</td><td>135</td></tr>
<tr><td>M115×2</td><td>155</td><td>140</td><td rowspan="4">22</td><td rowspan="6">14</td><td rowspan="6">6</td></tr>
<tr><td>M120×2</td><td>160</td><td>145</td></tr>
<tr><td>M125×2</td><td>165</td><td>150</td></tr>
<tr><td>M130×2</td><td>170</td><td>155</td></tr>
<tr><td>M140×2</td><td>180</td><td>165</td><td rowspan="4">26</td></tr>
<tr><td>M150×2</td><td>200</td><td>180</td></tr>
<tr><td>M160×3</td><td>210</td><td>190</td><td rowspan="5">16</td><td rowspan="5">7</td></tr>
<tr><td>M170×3</td><td>220</td><td>200</td><td rowspan="4">2</td><td rowspan="4">1.5</td></tr>
<tr><td>M180×3</td><td>230</td><td>210</td><td rowspan="3">30</td></tr>
<tr><td>M190×3</td><td>240</td><td>220</td></tr>
<tr><td>M200×3</td><td>250</td><td>230</td></tr>
</table>

注：①槽数 n：当 $D\leqslant \mathrm{M}100\times2$ 时，$n=4$；当 $D\geqslant \mathrm{M}105\times2$ 时，$n=6$。

②标有 * 者仅用于滚动轴承锁紧装置。

附录 F　孔的极限偏差

表 F-1　孔的极限偏差(节选 GB/T 1800.2—2009)

公差带	等级	基本尺寸/mm							
		>10~18	>18~30	>30~50	>50~80	>80~120	>120~180	>180~250	>250~315
D	8	+77 +50	+98 +65	+119 +80	+146 +100	+174 +120	+208 +145	+242 +170	+271 +190
	▼9	+93 +50	+117 +65	+142 +80	+174 +100	+207 +120	+245 +145	+285 +170	+320 +190
	10	+120 +50	+149 +65	+180 +80	+220 +100	+260 +120	+305 +145	+355 +170	+400 +190
	11	+160 +50	+195 +65	+240 +80	+290 +100	+340 +120	+395 +145	+460 +170	+510 +190
E	6	+43 +32	+53 +40	+66 +50	+79 +60	+94 +72	+110 +85	+129 +100	+142 +110
	7	+50 +32	+61 +40	+75 +50	+90 +60	+107 +72	+125 +85	+146 +100	十162 +110
	8	+59 +32	+73 +40	+89 +50	+106 +60	+126 +72	+148 +85	+172 +100	+191 +110
	9	+75 +32	+92 +40	+112 +50	+134 +60	+159 +72	+185 +85	+215 +100	+240 +110
	10	+102 +32	+124 +40	+150 +50	+180 +60	+212 +72	+245 +85	+285 +100	+320 +110
F	6	+27 +16	+33 +20	+41 +25	+49 +30	+58 +36	+68 +43	+79 +50	+88 +56
	7	+34 +16	+41 +20	+50 +25	+60 +30	+71 +36	+83 +43	+96 +50	+108 +56
	▼8	+43 +16	+53 +20	+64 +25	+76 +30	+90 +36	+106 +43	+122 +50	+137 +56
	9	+59 +16	+72 +20	+87 +25	+104 +30	+123 +36	+143 +43	+165 +50	+186 +56

续表

公差带	等级	基本尺寸/mm							
		>0~18	>18~30	>30~50	>50~80	>80~120	>120~180	>180~250	>250~315
H	6	+11 0	+13 0	+16 0	+19 0	+22 0	+25 0	+29 0	+32 0
	▼7	+18 0	+21 0	+25 0	+30 0	+35 0	+40 0	+46 0	+52 0
	▼8	+27 0	+33 0	+39 0	+46 0	+54 0	+63 0	+72 0	+81 0
	▼9	+43 0	+52 0	+62 0	+74 0	+87 0	+100 0	+115 0	+130 0
	10	+70 0	+84 0	+100 0	+120 0	+140 0	+160 0	+185 0	+210 0
	▼11	+110 0	+130 0	+160 0	+190 0	+220 0	+250 0	+290 0	+320 0
K	6	+2 -9	+2 -11	+3 -13	+4 -15	+4 -18	+4 -21	+5 -24	+5 -27
	▼7	+6 -12	+6 -15	+7 -18	+9 -21	+10 -25	+12 -28	+13 -33	+16 -36
	8	+8 -19	+10 -23	+12 -27	+14 -32	+16 -38	+20 -43	+22 -50	+25 -56
N	6	-9 -20	-11 -28	-12 -24	-14 -33	-16 -38	-20 -45	-22 -51	-25 -57
	▼7	-5 -23	-7 -28	-8 -33	-9 -39	-10 -45	-12 -52	-14 -60	-14 -66
	8	-3 -30	-3 -36	-3 -42	-4 -50	-4 -58	-4 -67	-5 -77	-7 -86
P	6	-15 -26	-18 -31	-21 -37	-26 -45	-30 -52	-36 -61	-41 -70	-47 -79
	▼7	-11 -29	-14 -35	-17 -42	-21 -51	-24 -59	-28 -68	-33 -79	-36 -88

注:标注▼者为优先公差等级,应优先选用。

附录 G　轴的极限偏差

表 G－1　轴的极限偏差（节选 GB/T 1800.2—2009）

公差带	等级	基本尺寸/mm							
		>10～18	>18～30	>30～50	>50～80	>80～120	>120～180	>180～250	>250～315
d	6	－50 －61	－65 －78	－80 －96	－100 －119	－120 －142	－145 －170	－170 －199	－190 －222
	7	－50 －68	－65 －86	－80 －105	－100 －130	－120 －155	－145 －185	－170 －216	－190 －242
	8	－50 －77	－65 －98	－80 －119	－100 －146	－120 －174	－145 －208	－170 －242	－190 －271
	▼9	－50 －93	－65 －117	－80 －142	－100 －174	－120 －207	－145 －245	－170 －285	－190 －320
	10	－50 －120	－65 －149	－80 －180	－100 －220	－120 －260	－145 －305	－170 －355	－190 －400
f	▼7	－16 －34	－20 －41	－25 －50	－30 －60	－36 －71	－43 －83	－50 －96	－56 －108
	8	－16 －43	－20 －53	－25 －64	－30 －76	－36 －90	－43 －106	－50 －122	－56 －137
	9	－16 －59	－20 －72	－25 －87	－30 －104	－36 －123	－43 －143	－50 －165	－56 －186
g	5	－6 －14	－7 －16	－9 －20	－10 －23	－12 －27	－14 －32	－15 －35	－17 －40
	▼6	－6 －17	－7 －20	－9 －25	－10 －29	－12 －34	－14 －39	－15 －44	－17 －49
	7	－6 －24	－7 －28	－9 －34	－10 －40	－12 －47	－14 －54	－15 －61	－17 －69
h	5	0 －8	0 －9	0 －11	0 －13	0 －15	0 －18	－0 －20	0 －23
	▼6	0 －11	0 －13	0 －16	0 －19	0 －22	0 －25	－0 －29	0 －32
	▼7	0 －18	0 －21	0 －25	0 －30	0 －35	0 －40	－0 －46	0 －52

续表

公差带	等级	基本尺寸/mm							
		>10～18	>18～30	>30～50	>50～80	>80～120	>120～180	>180～250	>250～315
h	8	0 -27	0 -33	0 -39	0 -46	0 -54	0 -63	-0 -72	0 -81
	▼9	0 -43	0 -52	0 -62	0 -74	0 -87	0 -100	-0 -115	0 -130
k	5	+9 +1	+11 +2	+13 +2	+15 +2	+18 +3	+21 +3	+24 +4	+27 +4
	▼6	+12 +1	+15 +2	+18 +2	+21 +2	+25 +3	+28 +3	+33 +4	+36 +4
	7	+19 +1	+23 +2	+27 +2	+32 +2	+38 +3	+43 +3	+50 +4	+56 +4
m	5	+15 +7	+17 +8	+20 +9	+24 +11	+28 +13	+33 +15	+37 +17	+43 +20
	6	+18 +7	+21 +8	+25 +9	+30 +11	+35 +13	+40 +15	+46 +17	+52 +20
	7	+25 +7	+29 +8	+34 +9	+41 +11	+48 +13 +55	+55 +15	+63 +17	+72 +20
n	5	+20 +12	+24 +15	+28 +17	+33 +22	+38 +23	+45 +27	+51 +31	+57 +34
	▼6	+23 +12	+28 +15	+33 +17	+39 +20	+45 +23	+52 +27	+60 +31	+66 +34
	7	+30 +12	+36 +15	+42 +17	+50 +20	+58 +23	+67 +27	+77 +31	+86 +34
p	5	+26 +18	+31 +22	+37 +26	+45 +32	+52 +37	+61 +43	+70 +50	+79 +56
	▼6	+29 +18	+34 +22	+42 +26	+51 +32	+59 +37	+68 +43	+79 +50	+88 +56
	7	+36 +18	+43 +22	+51 +26	+62 +32	+72 +37	+83 +43	+96 +50	+108 +56

注：标注▼者为优先公差等级，应优先选用。

附录 H　标准公差数值表

表 F-1　标准公差数值表(GB/T 1800.2—2009)

公称尺寸/mm		IT1	IT2	IT3	IT4	IT5	IT6	IT7	IT8	IT9	IT10	IT11	IT12	IT13	IT14	IT15	IT16	IT17	IT18
大于	至	μm											mm						
—	3	0.8	1.2	2	3	4	6	10	14	25	40	60	0.1	0.14	0.25	0.40	0.60	1.0	1.4
3	6	1	1.5	2.5	4	5	8	12	18	30	48	75	0.12	0.18	0.30	0.48	0.75	1.2	1.8
6	10	1	1.5	2.5	4	6	9	15	22	36	58	90	0.15	0.22	0.36	0.58	0.90	1.5	2.2
10	18	1.2	2	3	5	8	11	18	27	43	70	110	0.18	0.23	0.43	0.70	1.10	1.8	2.7
18	30	1.5	2.5	4	6	9	13	21	33	52	84	130	0.21	0.33	0.52	0.84	1.30	2.1	3.3
30	50	1.5	2.5	4	7	11	16	25	39	62	100	160	0.25	0.39	0.62	1.00	1.60	2.5	3.9
50	80	2	3	5	8	13	19	30	46	74	120	190	0.3	0.46	0.74	1.20	1.90	3.0	4.6
80	120	2.5	4	6	10	15	22	35	54	87	140	220	0.35	0.54	0.87	1.40	2.20	3.5	5.4
120	180	3.5	5	8	12	18	25	40	63	100	160	250	0.4	0.63	1.00	1.60	2.50	4.0	6.3
180	250	4.5	7	10	14	20	29	46	72	115	185	290	0.46	0.72	1.15	1.85	2.90	4.6	7.2
250	315	6	8	12	16	23	32	52	81	130	210	320	0.52	0.81	1.30	2.10	3.20	5.2	8.1
315	400	7	9	13	18	25	36	57	89	140	230	360	0.57	0.89	1.40	2.30	3.6	5.7	8.9
400	500	8	10	15	20	27	40	63	97	155	250	400	0.63	0.97	1.55	2.50	4	6.3	9.7
500	630	9	11	16	22	32	44	70	110	175	280	440	0.7	1.1	1.75	2.8	4.4	7.0	11.0
630	800	10	13	18	25	36	50	80	125	200	320	500	0.8	1.25	2.0	3.2	5	8.0	12.5
800	1 000	11	15	21	29	40	56	90	140	230	360	560	0.9	1.40	2.3	3.6	5.6	9.0	14.0
1 000	1 250	13	18	24	33	47	66	105	165	260	420	660	1.05	1.65	2.6	4.2	6.6	10.5	16.5
1 250	1 600	15	21	29	39	55	78	125	195	310	500	780	1.25	1.95	3.1	5.0	7.8	12.5	19.5
1 600	2 000	18	25	35	46	65	92	150	230	370	600	920	1.5	2.3	3.7	6.0	9.2	15.0	23.0
2 000	2 500	22	30	41	55	78	110	175	280	440	700	1 100	1.75	2.8	4.4	7.0	11.0	17.5	28.0
2 500	3 150	26	36	50	68	96	135	210	330	540	860	1 350	2.1	3.3	5.4	8.6	13.5	21.0	33.0

注:①公称尺寸大于 500 mm 的 IT1 ~ IT5 的标准公差数值为试行。

②公称尺寸小于或等于 1 mm 时,无 IT14 ~ IT18。

附录Ⅰ　机械示意图中的常用符号

表Ⅰ-1　机械示意图中的常用符号

序号	名　　称	立体图	符　　号	序号	名　　称	立体图	符　　号
1	螺钉、螺母、垫片			8	三角皮带		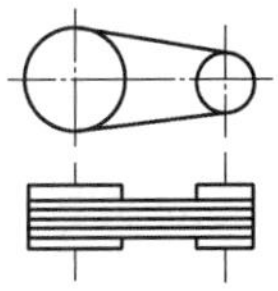
2	传动螺杆			9	开口式平皮带		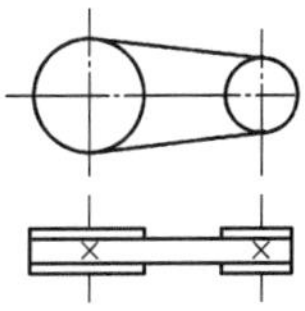
3	在传动螺杆上的螺母			10	圆皮带及绳索传动		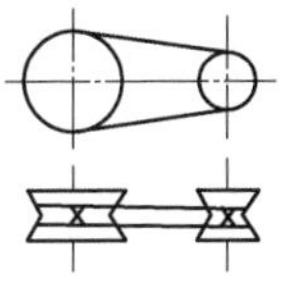
4	对开螺母			11	两轴平行的圆柱齿轮传动		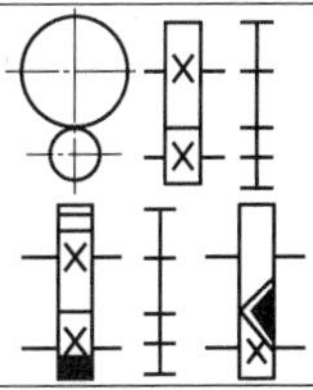
5	手轮		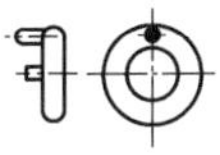	12	两轴线相交的圆锥齿轮传动		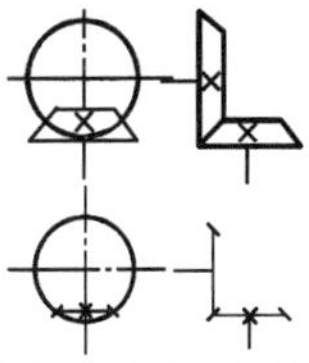
6	压缩弹簧			13	两轴线交叉齿轮传动蜗轮蜗杆传动	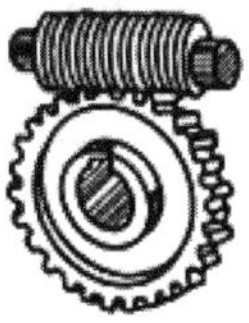	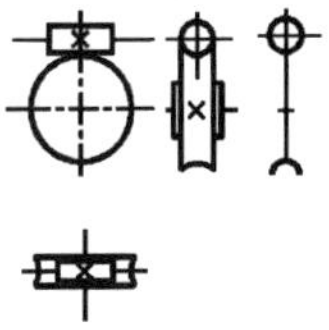
7	顶尖		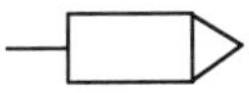	14	齿条啮合		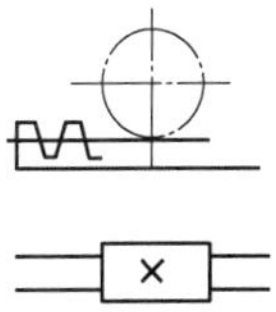

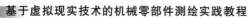

续表

序号	名称	立体图	符号	序号	名称	立体图	符号
15	向心滑动轴承		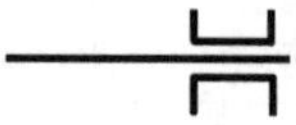	22	花键连接		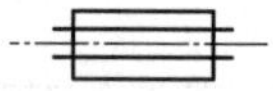
16	向心滚动轴承			23	轴与轴的紧固连接		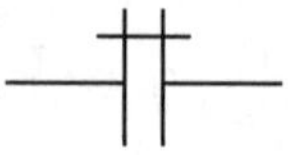
17	向心推力轴承		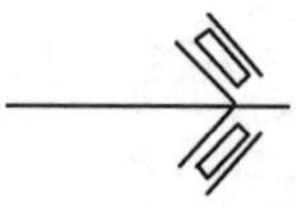	24	万向联轴器连接		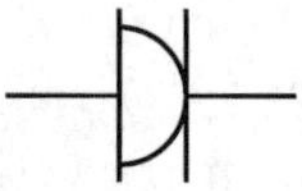
18	单项推力轴承			25	单向离合器		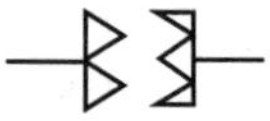
19	轴杆、联杆等			26	双向离合器		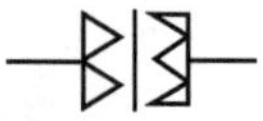
20	零件与轴的活动连接		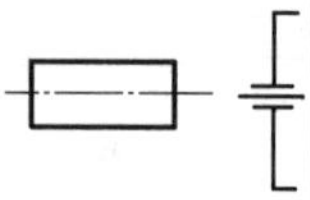	27	锥体式摩擦离合器		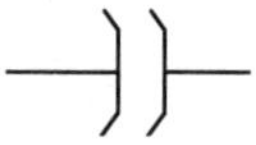
21	零件与轴的固定连接		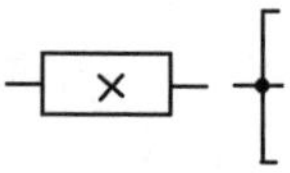	28	电动机		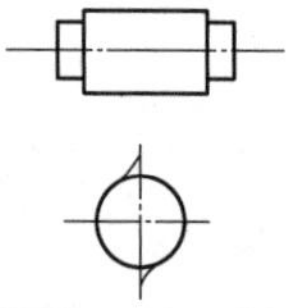

参 考 文 献

[1] 成凤文.工程图学实践指导书[M].北京:国防工业出版社,2010.
[2] 赵焰平.机械零件测绘技术[M].西安:西安电子科技大学出版社, 2018.
[3] 蒋继红,姜亚男.机械零部件测绘[M]. 2 版.北京:机械工业出版社, 2017.
[4] 何玉林,田怀文.机械制图[M].北京:中国铁道出版社,2017.
[5] 周正元,渠婉婉.机械拆装与测绘[M].南京:东南大学出版社, 2017.
[6] 刘向东.一本书读懂虚拟现实[M].北京:清华大学出版社, 2017.
[7] 高红,张贺,李彪.机械零部件测绘[M].2 版.北京:中国电力出版社, 2013.
[8] 林健清,赵丽萍,唐整生.机械制图项目式教程[M].北京:中国铁道出版社, 2018.
[9] 刘宇红,刘伟,戚开诚.基于工程设计思想的工程图学实践[M].北京:中国铁道出版社, 2018.
[10] 李爱军,李爱民,唐力.工程制图实践[M].南京:东南大学出版社, 2009.
[11] 陈宏钧,方向明. 典型零件机械加工生产实例[M].2 版.北京:中国铁道出版社, 2010.
[12] 王长春,任秀华,李建春,等.互换性与测量技术基础:3D 版[M].北京:机械工业出版社, 2018.
[13] 胡家富.测量与机械零件测绘[M].2 版.北京:机械工业出版社, 2014.
[14] 唐觉明,徐滕刚,朱希玲.现代工程设计图学[M].北京:机械工业出版社, 2013.
[15] 樊百林,李晓武,李大龙,等. 现代工程设计制图实践教程:上册[M].北京: 中国铁道出版, 2017.
[16] 何培英,段红杰.机械零部件测绘实用教程[M].北京:化学工业出版社, 2019.
[17] 金涛, 童水光.逆向工程技术 [M]北京:机械工业出版社,2003.
[18] 张国雄.三坐标测量机[M].天津:天津大学出版社,1999.